Easy hobbies系列 **35**

第一次養鳥就上手

U0002223

第1篇 想要養鳥

鳥的迷人特性 14

養鳥需具備哪些條件 18

養鳥會引起人類的傳染病？ 21

養鳥要花多少錢？ 23

我適合養鳥嗎？ 27

如何第一次養鳥就上手 30

第2篇 認識鳥類

鳥兒的生命週期 34

鳥兒的壽命 36

適合居家飼養的鳥 38

什麼樣的鳥兒和我比較速配 42

第3篇 認識常見的寵物鳥

雀科鳥類 48

軟嘴鳥類 52

東南亞的吸蜜鸚鵡 57

南美洲的太陽鸚鵡 62

南美洲的金剛鸚鵡 67

南美洲的亞馬遜鸚鵡 72

南美洲的其他鸚鵡 77

非洲區的鸚鵡 86

亞洲區的鸚鵡 90

澳洲區的鸚鵡 95

第4篇 挑選第一隻鳥兒與布置環境

挑選專業的販賣店 106

如何挑選鳥兒 108

判斷鳥兒的健康狀況 110

如何帶新買的鳥兒回家 112

鳥兒需要什麼樣的環境 115

養鳥的必備用品 117

布置舒適安全的鳥籠 122

鳥兒專屬的遊樂場 125

如何與鳥兒建立感情 126

第5篇 鳥兒的飲食管理

鳥兒所需的基本營養 130

各種時期需要的營養品 133

各種鳥類所需的食物種類 140

如何挑選市售的鳥食和營養品 145

幼鳥的餵食方式 151

幼鳥的餵食步驟 154

斷奶時期的幼鳥怎麼餵？ 159

如何餵食成鳥 162

第6篇 日常照料與護理

環境清潔 ———————————— 166

鳥兒的清潔 ———————————— 169

注意溫溼度及氣候的變化 ———— 171

替鳥兒修剪腳爪 ———————— 173

適度運動 ———————————— 176

幼鳥的照護原則 ——————— 178

　　記錄幼鳥的生長情況 ———— 179

　　如何教幼鳥學飛？ ———— 181

第7篇 鳥兒的天性與基本訓練

鳥兒在野外的行為 —————— 186

觀察鳥兒的肢體語言 ————— 188

如何和鳥兒玩遊戲？ ————— 191

鳥兒的行為偏差怎麼辦？ ——— 193

如何親近新來的鳥兒？ ———— 196

上手訓練 ———————————— 198

訓練鳥兒聽口令排泄 ————— 199

教鳥兒學說話 ———————— 201

預防鳥兒飛走 ———————— 203

鳥兒飛走怎麼辦？ —————— 204

帶著鳥外出活動及旅行 ———— 205

幫鳥兒安排寄宿 ——————— 207

第8篇 繁殖鳥兒

認識鳥兒的繁殖過程 ----------- 210

鳥兒繁殖準備工作 ----------- 212

進入繁殖期鳥兒的改變 ----------- 216

交配期的生理特徵 ----------- 218

鳥兒下蛋了 ----------- 219

孵蛋時期 ----------- 220

小鳥誕生了 ----------- 222

第9篇 認識鳥兒疾病與學會護理

維護鳥兒健康的基本守則 ----------- 226

認識專業的鳥醫院 ----------- 228

辨識鳥兒生病的跡象 ----------- 230

幫鳥兒驅蟲 ----------- 232

鳥兒的疾病 ----------- 235

就醫前的準備事項 ----------- 239

了解鳥醫生的檢查方式 ----------- 241

病鳥的照顧與餵藥方式 ----------- 243

意外傷害的處理原則 ----------- 246

鳥兒常見意外或緊急狀況的處理 ----------- 248

無法再繼續飼養時怎麼辦 ----------- 251

鳥兒永遠的別離 ----------- 252

掌握正確訊息，新手養鳥一次上手

飼養寵物是種很特別的感覺，或許因為不用擔心不會說話的動物們，洩露了人們內心深處最真實的想法，所以在寵物面前，人們可完全傾吐自己的心情。這份依賴和信任感，讓寵物們在飼主心目中的地位，遠超過生活中所接觸的人類伙伴，甚至比自己的親友還重要。

除了狗、貓等二種最常見的動物外，鳥類也是十分受歡迎的寵物。在某些歐美地區，狗、貓、鳥和馬等四種動物，是寵物種類排行榜上的前四名。在人口密集的台灣，玩賞鳥是一種非常適合人們飼養的寵物。全台各地的愛鳥人士，經常舉辦寵物鳥聚會，彼此交換與鳥兒共同相處的生活心得，分享因鳥而帶來的歡喜與悲傷。鳥聚的盛況，一點也不亞於較為人所知的狗聚或貓聚。

雖然養鳥的人口數不斷地增加，但除了網路上幾個較專業的中文玩賞鳥網站，以及少數討論鳥類飼養的書籍外，關於玩賞鳥飼養照顧的中文資訊，較不易獲得。而市面上的鳥類飼養書籍，大多又是譯自於英、美及日本等國之出版刊物，不僅飼養鳥種和國內環境有所差異，飼育方法和習慣也不盡相同。

陳小姐是我認識多年的朋友，除了有豐富且多元化的飼養觀賞鳥經驗外，她的耐心、責任感以及追求新知的積極態度，更讓我佩服。不僅未曾間斷的訂閱英、美等國出版的玩賞鳥期刊，她手中的藏書，更是包羅了澳洲和美國等著名玩賞鳥出版社發行的所有書籍。難得的是，一些人追尋知識的目的，是為提高玩賞鳥的繁殖成功率，陳小姐在乎的卻是如何提供鳥兒最佳的生活福利。

《第一次養鳥就上手》是一本內容詳盡又實用的工具書。循序漸進，條理清晰的介紹了有關玩賞鳥的種類，選擇及飼養方法。包含許多飼養前應考慮到，或者飼養時可能遇到的問題及解決方法，本書中都可找到答案。對於打算養鳥，或者剛開始飼養的讀者來說，《第一次養鳥就上手》絕對是你不可缺少的資訊寶庫；對於已經有養鳥經驗的朋友來說，閱讀本書，可以讓你檢驗自己是否還有疏忽調整之處。

臨床獸醫師　屈家信
譯有《我的鸚鵡老大》原文書籍

個人多年來從事鳥類疾病診療，經常面對飼主提出各種不同問題，由飼養管理、疾病照顧、訓練等不一而足，即使是多年飼養經驗者亦偶爾遇到難題，網路資訊雖多，卻未必能獲得正確解答，因此一本好的工具書就顯得特別重要，目前有關鳥類飼養書籍不多，本書作者具有專業涵養及豐富鳥類飼育經驗，了解飼主的需求，讓有意飼養寵物鳥者由自我評估，認識常見鳥種，飼養繁殖，與鳥互動乃至於日常照護，皆有詳盡生動介紹，這是一本貼近現況的鳥類照護指南，初學者能輕易上手，有經驗者亦能獲得實用知識，讓飼養寵物鳥變得活潑有趣。

凡賽爾賽鴿寵物鳥醫院 院長　李照陽

作者雅翎小姐本身養鳥的經驗豐富，各類大、中、小型鸚鵡的雛鳥、幼鳥及成鳥的飼養、衛生管理、疾病預防等等都很精通，此外，她在寵物鳥飼料上的研究也非常徹底。她本身任職於寵物鳥飼料及用品的貿易公司，經常可以接觸到國內、外寵物鳥的新資訊，因此有了她的實際養鳥經驗及國內、外資訊的薰陶，我相信最能撰述一本適合國內的一本養鳥工具書，這對飼養寵物鳥的飼主們真的是一件福音。

台中凡賽爾賽鴿動物醫院 院長　張能輝

本書對於飼養寵物鳥的鳥友或對從事寵物醫療的獸醫師而言，都不愧為一本好書。鳥友飼養寵物鳥就是想從飼養過程中經由與鳥兒的互動，從中獲得心靈的喜悅和滿足，但飼主本身適不適合養鳥與過程順不順利，往往就是得償宿願的關鍵，書中附有適不適合養鳥評量表，並仔細描述如何照顧幼鳥並且對於鳥兒的亡故如何處理，以何種心情調適都有交代，非常符合鳥友的需求。

動物醫院獸醫師　陳正祐

我認識作者陳雅翎已經20年了，她一直是我崇拜的鳥類飼養者，她的飼養觀念一直是業界燈塔！

只要客人準備開始養鳥，我都會建議他們看《第一次養鳥就上手》。因為我們用說的不一定全面，用搜尋的不一定中立可靠。現在大家相當重視的腳環和站台（註第20頁）爭議，本書作者在10幾年前就已經提出了！

用理性的角度去飼養，用感性的態度去陪伴！

請以正確的觀念去飼養會陪伴你20～30年的寶貝。因為很多鳥類會生病都是由錯誤的飼養方式所造成！書中涵蓋日常人畜疾病觀念、幼鳥飼養、用品介紹、成鳥陪伴，到病鳥照顧。讓小小生命不會無故犧牲，讀者也能得到寶貴經驗。

台南中華鳥園老闆娘／店長　吳書云

本書透過作者長年的飼養經驗與豐富知識，參考世界上養鳥的最新資訊並配合台灣愛鳥人的實際需求，打造出一本深入淺出且極具實用性的工具書。

寵物店在經營販售寵物鳥時，最希望能在第一時間內給予顧客正確的概念與飼養方式，將飼養資訊即時傳遞給顧客，讓顧客可以得到飼養鳥類正確的方式。

《第一次養鳥就上手》這本書可以解決初次飼養鳥類者的疑問，是一本能從中獲得正確飼養知識的最佳工具書，是一本可以讓客人安心的書，淺顯且循序漸進的說明，讓愛鳥人士在第一次接觸養鳥時，只需要查看書本內容說明，就能夠正確飼養愛鳥，不再心慌無助。

台中金瑞成鸚鵡概念館老闆／負責人　路中秋

如何使用這本書

《第一次養鳥就上手》這本書針對完全不懂養鳥的初學者製作。這本書共分為九篇,對尚未全盤掌握「養鳥」知識的初學者提出一個循序漸進、由淺入深的學習進程。

為了避免初學者陷入文字的迷障,喪失學習的興趣,本書特別設計簡明易懂的學習介面,運用大量的圖解輔助說明複雜的概念,避免詰屈聱牙的文字,透過本書,讓你可以「第一次養鳥就上手」。

前言&內文

針對大標主題的重點,展開平易近人、易讀易懂的精要說明。

step-by-step

從學習者的認知、理解角度,以清晰明確的步驟解說、還原完整的學習流程。

faq

針對一般大眾最普遍的疑惑,提供解答。

大標

即該篇章內的各個學習主題,每一大標都揭示了一個必須了解的要點。

雀科鳥類

在臺灣常見的雀科鳥類屬於食穀性鳥類。這些雀科鳥類體型嬌小,鳴聲清脆悅耳,飼養起來很容易上手。雀科鳥類對於寒冷較為敏感,一不留意很容易生病或凍死,因此飼養時要做好防寒的準備。另外要特別注意的是,雀科鳥類會將吃剩的飼料外殼留在飼料盆裡,沒經驗的新手看到飼料盒中東西以為還有飼料,所以沒有添加新飼料,鳥兒因此餓死。因此,應格外留心飼料盒內是否只有飼料殼,並做好每天更換飼料的例行工作,以免將鳥兒餓死。

修剪飛羽step by step

在修剪鳥兒的飛羽前,應準備好鋒利的剪刀、包裹鳥兒的毛巾。

Step 1 固定鳥兒
請旁人協助固定鳥。可用毛巾覆蓋包裹鳥兒部分的身體,並固定頭部身體及腳部以免掙扎。

Step 2 找出初級飛行羽
打開鳥的翅膀,找出初級飛行羽。初級飛行羽為鳥翅膀最外緣的第一根到第十根的羽毛。

 要如何改正鳥撥弄飼料的習慣?

鳥兒會撥弄飼料表示在尋找牠想要吃的食物,另一方面也表示所給的食物過多了,而讓鳥兒出現只吃自己喜歡食物的行為。矯正的方式為只給予一天的食用量,若食物的供給是固定且挑撿食物就不夠食用的話,鳥兒就不會因為食物的供應充裕而養成偏食興撥料的壞習慣。

圖解

運用有意義、有邏輯可循的拆解式圖解輔助說明,將複雜的概念化繁為簡,讓讀者一目了然,迅速掌握核心概念。

篇名

每一篇章為學習者待解的問題,一個篇章解決一個學習問題。

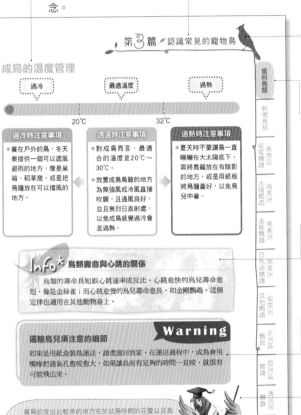

第❸篇 認識常見的寵物鳥

成鳥的溫度管理

過冷　　最適溫度　　過熱

20℃　　　32℃

過冷時注意事項
● 養在戶外的鳥,冬天要提供一個可以遮風避雨的地方,像是巢箱、稻草窩,或是把鳥籠放在可以擋風的地方。

適溫時注意事項
● 對成鳥而言,最適合的溫度是20℃～30℃。
● 放置成鳥鳥籠的地方為無強風或冷風直接吹襲,且通風良好,並且無烈日直射處,以免成鳥感覺過冷會是過熱。

過熱時注意事項
● 夏天時不要讓鳥一直曝曬在大太陽底下,需將鳥籠放在有陰影的地方,或是用紙板將鳥籠蓋好,以免鳥兒中暑。

Info★ 鳥類壽命與心跳的關係
鳥類的壽命長短跟心跳速率成反比。心跳愈快的鳥兒壽命愈短,像是金絲雀;而心跳愈慢的鳥兒壽命愈長,如金剛鸚鵡。這個定律也適用在其他動物身上。

運輸鳥兒須注意的細節　**Warning**
如果是用紙盒裝鳥速送,請盡速返回到家。在運送過程中,成鳥會用嘴喙把通氣孔愈咬愈大,如果讓鳥而有足夠的時間一直咬,就很有可能飛出來。

養鳥的支出比較多的地方在於幼鳥時期的花費以及高級一點的鳥籠玩具等項目。即使是養大型鳥,日常主食跟營養品平均下來每個月並不會太多

67

顏色識別

同一篇章以統一色標示,方便閱讀及查找。

標籤索引

同篇章中所有大標均列示於此做成索引,讀者可從塊標示得知目前所閱讀的主題。

info

內文無法詳細說明,但卻不可不知的重要資訊。

warning

警告禁忌或容易犯的小錯誤,提醒你多注意。

dr. easy

針對實務部分,以提供過來人的經驗訣竅和具體實用的建議。

第 一 次 養 鳥 就 上 手

想要養鳥

想要養鳥又不知從何開始？對於鳥兒的了解也是模模糊糊？鳥兒是有靈性又聰明的動物，目前市面上做為寵物鳥或觀賞鳥的鳥種選擇性多，有不少人養寵物鳥或觀賞鳥當成寵物，養了鳥，你會驚訝於鳥兒的美麗及可愛動人的一面。

在動心起念養一隻貼心又方便的寵物鳥或觀賞鳥前，不妨評估自己是否適合飼養鳥類，才能和鳥兒共同度過快樂的生活。

本篇教你：

☑ 觀賞鳥的特性

☑ 養鳥需具備的條件

☑ 養鳥的花費

☑ 養鳥前的綜合評估

鳥的迷人特性

一般人可能覺得養鳥只能用來觀賞或是聽其鳴唱聲。其實鳥兒也可以像貓狗一樣貼心可愛，而有些鳥的智商，最高還可達到人類四、五歲小孩的智商。另外還有一些中型以上的鸚鵡，還能訓練定點排泄。養寵物鳥就好像家裡多了一分子，能帶給全家人無限的歡樂。而養鳥比起養哺乳類的寵物，來得方便簡單，由於家中的空間足以讓鳥類活動，因此不須天天帶鳥出門外出活動，排泄物沒有濃重的糞臭味和尿騷味，而排泄物的體積小，並不會降低飼主原有的生活品質。因此飼養寵物，鳥兒也是很不錯的選擇。

鳥類做為陪伴動物的9項特性與魅力

鳥的種類繁多、又可以做基本訓練，有些從小飼養的鳥兒會與主人親近……，鳥引人喜愛的魅力還不僅如此，從以下的說明中你將會對鳥的印象大為改觀。

❶ 鳥的種類繁多

鳥的種類和品系相當的多，有些鳥種擁有燦爛的羽色，有些鳥種能發出悅耳的鳴唱聲，也有些鳥種可以巧妙地學習人語。因此飼養上可以有很多不同的選擇。而每一種鳥的體型、胖瘦、顏色、外型都不盡相同，例如鳥的體型大至上百公分小至十公分，差異甚大。有些寵物鳥的體積輕巧如文鳥，容易上手玩賞，有的鳥活潑熱情如金剛鸚鵡，有的鳥智商高、善學

語，如非洲灰鸚鵡……因此想要飼養哪種類型的鳥，端看個人喜好。

2 鳥的智商很高，可以做基本訓練

鳥兒的腦袋看起來不大，但鳥兒與飼主的互動過程中會表現出驚人的智商。

鳥兒不但會認得自己的主人，還可以訓練定點大小便。鳥兒對於一些發生過的事情會有所記憶，例如鳥兒會記得曾經欺負過牠的人，日後再看到此人時會想咬他。另外，失明的鳥兒能清楚知道籠子裡水和食物的擺設處。

而大部分的鳥類尤其是鸚鵡，都有模仿學語的能力，鸚鵡的舌頭構造特殊，有絕佳的模仿能力。幾乎所有的鸚鵡都能學吹口哨，小型鸚鵡、中型鸚鵡經過學習都會説上幾句，而大型鸚鵡更能學人語上百句，有的還會唱歌。

3 從小飼養起的鳥很貼心

從幼鳥養起的寵物鳥，跟人類可以很親近，會宛如像你的小孩一樣，喜歡跟著主人享受在一起的時光。

4 鳥的破壞力較低

相較於貓、狗、兔子等家庭寵物，鳥的破壞力較低。除了少數比較大型的鸚鵡，如金剛鸚鵡、鳳頭鸚鵡外，鳥類常見的破壞行為大致是咬紙張等，鳥兒對家裡裝飾品、家具等的破壞力和程度，會降到最低。而其他較大型寵物有可能會產生如咬壞整組沙發、把家裡的擺飾整個弄亂的行為，在鳥類較不容易發生。

⑤ 養鳥不占空間

飼養鳥所占的空間並不大。如果養寵物鳥的話，常常可以讓鳥兒出籠活動，就不用擔心鳥兒在鳥籠裡沒有足夠的飛翔空間。

⑥ 替鳥洗澡清潔很簡單

鳥兒的清潔工作相當容易，可以自己在家裡幫鳥兒洗澡，或是放鳥澡盆，鳥兒會自行玩水沐浴，並不需要把鳥兒送到寵物美容院清潔。

⑦ 排泄物不擾人，無尿臊味及糞臭味

大部分的鳥所吃的食物內容不含肉類，排泄物並沒有糞臭味。而鳥的排泄物還有一個特點，就是沒有其他種寵物如貓狗的尿臊味，清理時只要一張衛生紙就可以解決。

⑧ 日常花費與醫療費並不高

養鳥的基本花費和貓狗相較花費要來得低，跟兔子比較之下花費差不多，會高於飼養寵物鼠。在醫療支出方面，鳥類看病的醫療費用大約比貓、狗低，比兔子及寵物鼠高，相對較為實惠。

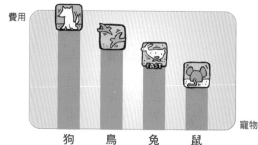

費用

寵物

狗　鳥　兔　鼠

9 寵物鳥的壽命平均都很長

小型鳥就具有五～六歲的壽命，中型以上的鳥兒有二十歲，大型鳥甚至有七、八十歲的壽命。有些主人想要飼養鳥兒就是因為鳥兒壽命長，不會很快就和鳥離別而難過。

| 小型鳥 | 中型鳥 | 大型鳥 |

具有5～6歲的壽命　　具有20歲的壽命　　具有70～80歲的壽命

Info* 那些種類的鳥不能養？

　　為了保護野外正瀕臨絕種、有瀕臨絕種危機的稀有動物，各國均制訂保護野生動物的法律，國際間亦有華盛頓公約做為國際間稀有生物貿易的依據。在飼養鳥類前，必須要有野生的保育類鳥類不能飼養的觀念。以下的鳥種不能進口以及飼養：

1. 臺灣本土保育類野生鳥類。例如畫眉、藍腹鷴、黑頭翁等本土鳥類。自民國九十八年起，臺灣白嘴八哥被列入保育類動物，已不能再購買飼養。

2. 華盛頓公約附錄一（Appendix I）的鳥種。例如藍紫金剛、帝王亞馬遜等等。

3. 華盛頓公約附錄二（Appendix II）的鳥種。例如所有附錄二且生活在自然棲地的野生鳥類，皆屬保育鳥類。不過若雖屬於華盛頓附錄二，但為「人工繁殖」的鳥兒，則經過申請後即可在國際間買賣，且在台灣也可以合法進口販賣、飼養、及繁殖。

4. 保育類鳥類名錄（行政院農委會林務局自然保育網）
http://conservation.forest.gov.tw/public/
Attachment/79281147171.pdf

5. 聯合國華盛頓公約組織網站
http://www.cites.org/

養鳥需具備哪些條件

飼養鳥兒之前要先檢視個人的條件，鳥兒是活生生的動物，想要飼養鳥兒就必須提供牠良好的生活條件及優良的生活品質。所以一定要了解養鳥所必備的條件之後，認為自己可以提供鳥兒所需的一切，才進入養鳥的階段。

養鳥前需具備的六項條件

飼主必須體認養鳥必須投入耐心、愛心、恆心，事先做好完全的準備，才是負責任的飼養者。

① 養鳥前先找資料，做功課

養鳥是一門學問，可飼養的鳥類很多種，由於種類不同，飼養方式會有差異，例如鸚鵡、文鳥、綠繡眼的飼養細節皆不同。如這三種鳥類的幼鳥照顧方式均有別；成鳥後，會因為是食穀或食蟲的食性差別而在主食與副食品的需求亦有不同。如果不了解鳥的飲食特性而餵食錯誤，很容易造成鳥類營養不良，致使鳥生病，因此養鳥前需要做好準備功課。

② 養鳥就要不離不棄

鳥兒壽命普遍長，有些鳥甚至會陪伴你一輩子。而鳥兒認定主人後，一旦換主人會有一段期間適應不良，因此要養鳥就必須做好心理準備，對鳥兒不離不棄。

③ 檢視個人養鳥所能負擔的條件

養鳥不像擁有其他物品，買回家放著就好。養鳥需要付出一些金錢，也要評量自身的生活環境是不是適合多一隻鳥兒居住、會不會吵到鄰居……等等。（參見P27）

鳥兒的特性

養鳥條件

杜絕傳染病

養鳥花費

適合度測驗

學習步驟

④ 能付出耐心跟愛心來照顧鳥兒

養鳥意味著你要天天飼養，照顧鳥兒並清潔打掃鳥兒的生活環境。除了基本的照料之外，如果你養的是寵物鳥，更要顧及鳥兒的心理健康，勻出時間與鳥互動。

⑤ 須有閒暇時間陪伴鳥兒

你必須讓鳥兒在籠外玩耍運動，並且騰出時間陪伴鳥兒。飛行是鳥兒的天性，讓鳥兒每天在室內飛行也是必要的例行工作。

⑥ 真心把鳥兒當成家人

鳥兒到家之後就是家裡的一分子，你必須真心地付出對鳥兒的愛，時時注意鳥兒的感受，因為鳥兒的智商高，也有感覺，長期疏於照料、冷漠對待的寵物鳥極易產生生理和心理問題。

Info* 現今的養鳥狀況

　　現今有很多人選擇鳥兒當作寵物，而養鳥不再是放飼料、餵水這麼簡單的事了。

　　以前的鳥種選擇少，所以多是容易飼養的鳥種，而現今市面上可選擇的鳥種很多，鳥兒的飼養方式亦不盡相同。因此要養鳥前必要多方考量，尤其是養寵物鳥，除了正確飼養外，還需要主人多花時間陪伴才不會產生心理問題，所有養鳥前必須注意的環節缺一不可。

飼養鳥兒的錯誤觀念

雖然飼養了鳥兒當成陪伴寵物，不過鳥兒為獨立個體，而不是飼主個人的所有物，飼養時仍應尊重生命，善待鳥兒，給予鳥兒良好的環境與待遇。目前仍有以往飼養鳥兒錯誤的觀念沿襲至今，使鳥受到了傷害。以下養鳥的錯誤觀念並不可取，應避免下列行為，學習正確的飼養方式，讓鳥活得更快樂。

1 不替鸚鵡上八字環

有些飼主為了怕鳥飛走，而使用八字環（八字型的固定式鐵環）直接綁在鳥腳，再上腳鍊鎖在站架上。如果將八字環上得太緊，會讓八字環深陷鳥腿而造成血液循環不良、肌肉壞死而需要截肢；上得太鬆，也會讓鳥在行進間，一不小心就因骨折而受傷。八字環除了限制鳥兒的行動之外，別無用處，只會造成傷害，因此應避免使用。

聰明對策

使用專用的鳥牽繩

2 不濫用腳鍊

腳鍊也是固定在鳥腳上，不使飛走。多半是飼主為了外出方便，或擔心帶鳥外出一不留心鳥兒從外出籠逃出飛走。目前市面販售的腳鍊都是為了將鳥鍊在站架上而設計的超短腳鍊，使用時將腳鍊直接綁在八字環上，變成腳鍊枷鎖。如果是用在小型鳥上，由於鳥腳過細，上腳鍊很容易造成骨折，或因不適應而自殘咬腳，中大型的鳥上腳鍊也容易有自殘問題。

聰明對策

使用專用的鳥牽繩

3 鸚鵡不能一直飼養在站架上

以往很常見到將鸚鵡上鍊，養在站架上，對鳥無疑是一種虐待。站架只是當做鳥兒短暫棲息、食用食物的地方。鸚鵡的壽命短則七、八年，長則七、八十年以上，若終其一生活動空間就只限制在一根小小的鐵棍上，而剝奪了鸚鵡的自由行動與飛行能力，長期下來，鸚鵡不但會憂鬱而產生心理問題，更不會展現應有的智商與能力。

聰明對策

1. 替鳥準備專用的鳥籠或搭建鳥舍
2. 替鳥準備專屬遊樂場與足夠活動空間

養鳥會引起人類的傳染病嗎？

鳥兒的特性
養鳥條件
杜絕傳染病
養鳥花費
適合度測驗
學習步驟

所有的寵物，都或多或少具有與人類相通的人畜共通傳染病。這些傳染病並不會無時無刻存在於人與寵物之間。只要你多多了解這些人畜共通傳染病，在飼養的過程中注意一些飼養的重點跟細節，相信這些傳染病並不會發生在你跟你的寵物身上。

養鳥杜絕傳染病的6大原則

養鳥想要杜絕傳染病，首要的工作就是注重飼養環境的衛生，做好日常例行清潔以及保持鳥兒身體健康就不用擔心傳染病的發生。

原則 1
不養來路不明的鳥兒

請到專業的寵物店購買健康活潑的鳥，以享有售後服務及保障。勿在網路上或跟不明人士買鳥，以免鳥兒來源不明而產生後續的疾病問題。

原則 2
營造通風的養鳥環境

養鳥的環境必須要能通風以及有陽光。有陽光以及通風的環境，就不易滋長細菌及病毒，才不會讓鳥兒感染細菌和病毒等互相傳染疾病。陽光具有紫外線，也是最自然的殺菌劑，可使鳥的生長環境保持乾淨，並且能讓鳥的羽色更最漂亮。

原則 3
每日必做清潔的工作

養鳥一定要每天做清潔工作，清潔鳥兒的生活環境和周圍環境。做好清潔工作才不會讓細菌有機可乘。這個道理跟我們居家環境要常清潔是一樣的。

原 則 4
提供健康均
衡的飲食

養鳥就要提供鳥兒健康均衡的飼料,讓愛鳥抵抗力增加,降低生病機率。

 原 則 5
養鳥環境需
定期消毒

除了每日的清潔工作之外,養鳥的環境也須定期使用消毒水消毒,以徹底消滅隱藏在環境中的病毒細菌。

 原 則 6
購買新鮮營
養的飼料

購買飼料時,請選擇外包裝良好及新鮮營養的飼料。傳統型飼料販賣以現場秤斤買賣,這種暴露在外的飼料不但衛生不佳,且容易因為沒有充氮保鮮而發霉。
發霉的飼料會讓鳥兒生病,也會讓接觸到飼料的主人感染霉菌。

Info* 認識禽流感

　　禽流感是一種高病原性家禽流行性感冒,是一種鳥類流行性感冒病毒。多數在禽鳥間傳染,有少數例子會傳染給人類。傳染途徑為呼吸道、消化道及糞便中的病毒粒子接觸等方式。

　　想要避免禽流感就不要到養雞場、養鴨場這類易感染禽流感鳥類類密度高的地方,到禽流感疫區時也不要靠近鳥類密度高的地方,即可避免近距離吸入病毒粒子。也不要讓家裡的鳥兒接觸到外面的野鳥,勤加清理及消毒就不用擔心養鳥會感染禽流感。

養鳥要花多少錢？

鳥兒的特性

養鳥條件

杜絕傳染病

養鳥花費

適合度測驗

學習步驟

當你花錢買一隻鳥回家飼養，首先就必須花上一筆基本的開銷，購買鳥籠還有鳥兒的用品。除此之外，也不要忽略了養鳥後續所有必須付出的費用。養鳥除了提供鳥兒主食之外，還有一些保健用的營養品、點心甚至玩具等等，都必須考慮在內。另外，鳥有時候還可能會生病，醫療費用的支出也要納入考量。

養鳥的基本花費

以下這些項目都是養鳥的基本支出，其實算起來並不會花掉飼主太多的錢。

基本主食的花費

飼養鳥兒的最基本花費就是鳥兒的主食飼料。市面上鳥兒的主食分成兩種，一種是綜合穀物飼料（有帶殼），另一種則為以天然穀物蔬果添加營養素所特製的全方位營養乾糧（不帶殼）。二者可擇一使用或是交替使用。

鳥種	飼料品名	規格	說明	費用	可食用期間
小型鳥類	特級營養飼料（綜合穀物）	1kg	為多種新鮮穀物混合而成的鳥兒主食飼料。	約300元左右	2個月
中型鳥類	特級營養飼料（綜合穀物）	1Kg		約300元左右	1個月
大型鳥類	特級營養飼料（綜合穀物）	2.5Kg		約350元左右	1個月
小型鳥類	滋養丸（營養乾糧）	800g	為鳥兒特製的全方位營養飼養丸。	約250～300元	2個月
中型鳥類	滋養丸（營養乾糧）	1Kg		約350元	1個月
大型鳥類	滋養丸（營養乾糧）	1Kg		約350元	1個月

鳥兒用品方面的支出

除了主食外，還可替鳥兒添購營養品如蛋黃粉、維他命、鈣質用營養補充品，這些營養品也是養鳥必備的。另外養鳥必備的用品包括讓鳥兒有安全感的鳥籠以及維持鳥兒身心健康的玩具。

鳥種	用品種類	規格	說明	費用	需要指數	可使用期間
小型鳥類	鳥籠	不定	鳥兒住所	250元起跳	★★★	（不定）
中型鳥類	鳥籠	不定	鳥兒住所	1200元起	★★★	（不定）
大型鳥類	鳥籠	不定	鳥兒住所	6000元起	★★★	（不定）
所有鳥類	蛋黃粉	1Kg	為營養豐富的蛋白質補充品，提供鳥兒蛋白質及能量可放置在飼料盆提供。	約350元	★★☆	三個月以上
所有鳥類	維他命	200g	為營養添加劑，可添加於飲水或飼料	約700元	★★☆	半年以上
所有鳥類	生物鈣	500g	是鈣質補充品，強健骨骼及幫助產蛋。添加於飲水裡使用。	約900元	★★☆	半年以上
所有鳥類	沐浴粉	200g	清潔鳥兒，加入水裡替鳥噴澡。	約700元	★★☆	三個月以上
所有鳥類	玩具	不定	讓鳥兒平時和玩具互動，保持身心健康。	100元起	★★☆	（不定）
所有鳥類	遊樂場	不定	鳥兒出鳥籠後的棲息玩樂處	1000元起	★☆☆	（不定）
所有鳥類	衛生墊料、木屑貓砂	5公升	放置籠底吸附排泄物使用	約500元	★☆☆	（不定）
雀鳥類	稻草窩	不定	鳥兒繁殖時孵蛋育雛使用	25元起	★☆☆	（不定）
鸚鵡類	繁殖巢箱	不定	鳥兒繁殖期孵蛋育雛使用	150起	★★☆	（不定）

鳥兒的特性

養鳥條件

杜絕傳染病

養鳥花費

適合度測驗

學習步驟

其他支出

養鳥其他可能的支出為住宿或是基本修剪過長的腳爪。有些鳥類如鸚鵡的性別無法從外觀得知，要確認其性別就必須驗內視鏡或是拔鳥兒的毛做DNA檢驗，要檢驗出鳥兒是否得到特定種類的病毒，也需要拔羽毛進行檢驗。

項目		費用	花費週期或時機
鳥兒住宿	小型鳥	約100～150元／一天	依飼主的須求天數而定
	中型鳥	約150～200元／一天	依飼主的須求天數而定
	大型鳥	約150～250元／一天	依飼主的須求天數而定
剪腳爪（自行修剪亦可）		鳥店修剪100元／一次	一至兩個月剪一次
以拔毛送驗鳥兒性別DNA		約150元／一次	外型看不出公母的鳥種驗過一次即可知性別
用內視鏡檢驗鳥兒性別及成熟度		約1000元／一次	外型看不出公母的鳥種驗過一次即可知性別
驗鸚鵡喙及羽毛威染症PBFD或是法藍西斯病毒威染		約1000元以上／一次	有感染疑慮時（如大量掉毛、無法長出新羽）可送檢驗

Info* 保育類野生動物名錄修正

因應國內已有成熟產業之爪哇雀以及大部分CITES 附錄二的鸚鵡，其利用不影響野外族群生存，因此行政院農委會於108年將爪哇雀（文鳥）從珍貴稀有野生動物調整為一般野生動物，以及華盛頓公約附錄二鸚鵡調整為一般類野生動物（車輪冠鳳頭鸚鵡、白鳳頭鸚鵡、葵花鳳頭鸚鵡等二十種不具商業繁殖技術能力者除外。）

養幼鳥的特別費用

要養大一隻幼鳥就必須備齊養鳥配備及專用奶粉。飼養幼鳥必須使用專用的幼鳥奶粉，並添加有益腸道的營養品。而飼養期間必須要注重保溫，因此像是幼鳥寵物箱以及保溫燈具等都是必備的。

用品種類	規格	說明	花費	花費週期或使用時間
幼鳥專用奶粉	700g／一罐	餵養幼鳥專用的粉狀營養品，不可使用人類的奶粉。	約650元	依鳥體型大小約可使用兩個月到一個月
幼鳥營養品	腸道調理劑	保健幼鳥脆弱的腸胃道。	約700元	可使用約半年
幼鳥寵物箱	小型、大型	可放置幼鳥的透明小箱子以利保溫。	約150元～500元	幼鳥期使用
餵食器具	餵食專用湯匙	餵食幼鳥特製湯匙	約30元	幼鳥期使用
保溫器具	家用夾燈、專用燈	替羽毛未豐的幼鳥加熱保溫用。	約500元～900元	幼鳥期或天冷時使用
溫度計	一般溫度計	測量加溫後溫度是否適中。	100元起	幼鳥期或天冷時使用
墊料、紙砂	20升	吸附排泄物	約600元	約三個月

養鳥的支出比較多的地方在於，幼鳥時期的花費以及高級一點的鳥籠、玩具等項目。即使是養大型鳥，日常主食跟營養品平均下來每個月並不會花費太多。

我適合養鳥嗎？

在決定養鳥之後，就已經要為一條生命負責，在大致了解養鳥所需的環境與大致的花費之後，接下來應審慎評估自己是否真的喜歡鳥，在未來的日子裡可以給鳥一個舒適生長的環境，以及能夠提供鳥良好的照顧。以下的測驗將養鳥所需要的條件都羅列出來，以方便檢視自己是否真的適合養鳥，如果你不適合養鳥就不需要勉強自己去嘗試，以免到頭來苦了自己又害了鳥兒。

養鳥適合度測驗

當你買鳥回家後，鳥就是你未來的室友，在此之前先自我評估，依據下列的問題回答，在Yes 或 No前勾選答案，最後統計Yes的數量，並參看結果分析，評估自己是否適合養鳥。

1 會特別注意有關動物的節目、新聞以及書籍嗎？
  □Yes　　　　□No

2 覺得鳥兒的叫聲很悅耳嗎？
  □Yes　　　　□No

3 每天是否有數小時的空閒時間陪伴鳥兒？
  □Yes　　　　□No

4 曾經是否上網或者是找書籍了解鳥兒？
  □Yes　　　　□No

5 家人也贊成飼養鳥兒嗎？
  □Yes　　　　□No

6 能接受鳥兒換羽時會掉毛嗎？
  □Yes　　　　□No

7 願意每天花點時間做養鳥的例行清潔工作嗎？
  □Yes　　　　□No

鳥兒的特性

養鳥條件

杜絕傳染病

養鳥花費

適合度測驗

學習步驟

8 你會覺得鳥兒時常跟著你會很愉快嗎？
　□Yes　　　□No

9 你能接受鳥兒用嘴巴探索周遭事物的習慣嗎？
　□Yes　　　□No

10 你是否夠細心可以注意到鳥兒在籠外運動時，窗戶跟門都要關好？
　□Yes　　　□No

11 經濟能力是否可以提供給鳥兒買回去時最好的照顧？
　□Yes　　　□No

12 確定能照顧鳥兒數十年嗎？
　□Yes　　　□No

13 在有小孩後也不會遺棄鳥兒嗎？
　□Yes　　　□No

14 鳥兒生病後你會馬上帶他到專業的獸醫師看診嗎？
　□Yes　　　□No

15 你能去適應鳥兒原有的習性而不強迫他改變嗎？
　□Yes　　　□No

16 家裡面有空間讓鳥兒飛嗎？
　□Yes　　　□No

17 你知道養幼鳥時一天要人工餵食三次以上嗎？
　□Yes　　　□No

18 能接受養幼鳥時無法出外旅遊，直到鳥兒可獨立進食？
　□Yes　　　□No

19 除了鳥飼料之外，您知道鳥還需要其他營養保健品嗎？
　□Yes　　　□No

第 1 篇 想要養鳥

鳥兒的特性

養鳥條件

杜絕傳染病

養鳥花費

適合度測驗

學習步驟

統計一下，有多少個問題答案是Yes，再對照一下結果看看解說，你就可以知道是否現在就可以當個鳥的好主人、好朋友，還是要過一段時間才能養鳥，或者是，你根本就不喜歡鳥，這時你該換一種興趣了。

15～19個Yes

恭喜你，測驗結果顯示你不但對養鳥有基本概念，而且是個喜歡鳥也能負擔養鳥的主人。但養鳥的知識永遠也學習不完，期望你養鳥後可以更精進。

10～15個Yes

對於以上有關養鳥的疑問，你可能對部分問題的回答有點猶豫。如果你只是單純在某些養鳥條件上無法馬上達成，只要再思考一段時間，提升自己的能力，並多學習養鳥的知識，就可以進入養鳥的階段了。

5～10個Yes

你或許很喜歡動物，但在養鳥的知識，以及養鳥必須要具備的條件及經濟基礎等條件和能力上都明顯不足。或許你可以考慮等經濟能力再好一點的時候，再來養鳥。

5個Yes以下

或許你想找一個適合你的嗜好，但就養鳥方面而言，這樣測驗的結果，表示你或許可以嘗試換別種與養寵物無關的嗜好比較恰當。

Info ★ 了解養鳥的概念

其實養鳥的整個大概念就跟養小孩、養貓、養狗是一樣的，養鳥除了要讓鳥吃的營養均衡之外，也要顧及鳥兒心理的健康。而教育鳥兒的方式也跟教育小孩、訓練貓狗的概念大同小異，只要你有心把鳥兒當做養育自己的小孩一樣用心學習，養鳥就不會出錯。

如何第一次養鳥就上手

第一次養鳥是否讓你覺得很期待呢？高興之餘，別忘了鳥是活生生的動物，需要事先想好並且學習該如何好好對待飼養你的鳥兒。充分的準備可以提高鳥兒的存活率，並且增進你飼養的信心。如果你曾經有養鳥傷心失敗的經驗，也不要灰心。只要照著以下的方法，相信你一定會成為一個愉快的養鳥人。

學會養鳥step by step

 充實養鳥的相關知識

如果對飼養寵物鳥的相關知識一無所知，就貿然買鳥飼養，一定會對鳥兒還有主人雙方面都造成不愉快的經驗跟感覺。當個稱職的飼主，事前工具書的準備與進修絕不可少。

 評估自己是否適合養鳥

當你仔細評量自己將會是個稱職的主人後，在買鳥之前還是要做些準備動作。

如果你不適合養鳥的話，那就轉換別種興趣，隨便嘗試養鳥的話，那將是人跟鳥都會覺得痛苦。（參見P27）

 找家信任可靠的店家

事先找好一間評價好又專業的店家，因為專業的店家可以提供飼主未來養鳥所有問題的協助，而且專業店家所販賣的鳥兒健康較佳，提供的售後服務也能給予飼主養鳥上的最佳協助。

 找隻你喜愛又健康的鳥

每種鳥兒的個性跟特質都不盡相同，既然要養就要挑選好鳥種，選一種跟你個性可以合得來的，選對鳥種後，再從這種鳥中挑健康的，那就是養鳥的好開始。（參見P42）

鳥兒的特性

養鳥條件

杜絕傳染病

養鳥花費

適合度測驗

學習步驟

Step 5 布置安全舒適的鳥窩

人住在房子裡，鳥也需要鳥籠當做避風港。鳥籠以及裡面的配備一定要讓鳥有安全感，才可進一步適應新環境。（參見P122）

Step 6 學會日常的清理和照顧

養了鳥就要細心盡責的照顧牠，每天餵食飼料、營養品跟更換飲用水，這種例行的工作一定要自己來，藉此培養和鳥的感情。（參見P164）

Step 7 了解鳥兒的肢體語言與想法

除了滿足鳥兒的生理需求，還要兼顧鳥兒心理的健康。鳥兒無法用完整的話語來表達牠的心聲，但經過一段時間仔細觀察就可以發現鳥兒的肢體語言所表達的含意。（參見P190）

Step 8 維護鳥兒身體健康

預防勝於治療。平日多花點心思保持鳥兒的最佳身體狀態，就可以降低鳥兒生病的機率。（參見P228）

Step 9 找個鳥兒專屬的獸醫

事先找好一個鳥兒專屬的獸醫，平時可帶鳥兒做健康檢查，而當鳥有狀況時，就可以馬上讓獸醫診療。專門的鳥醫生在臺灣數量不多，因此事先找好鳥兒的醫生，有突發狀況才知道帶鳥去那裡看病。（參見P231）

第一次養鳥就上手

第2篇

認識鳥類

鳥類在生物分類學上屬於鳥綱，目前在世界上已知的鳥類約有九千多種，鳥的體型大小差異甚大，目前已知的最大的鳥是駝鳥，最小的鳥是蜂鳥，大多數的鳥都會飛，只有少數的鳥如駝鳥、企鵝不會飛。經過人類馴化、人工飼養的玩賞鳥，因為個性親人並具有觀賞的價值，特別受到人們的喜愛。本篇從鳥的生命周期各階段的變化開始介紹，建立對鳥的初步認識，並將鳥兒依照類別、體型、個性等條件分為九種類型做介紹，最後從鳥需要的活動空間、個性、活動性、與主人親近的程度分層剖析，方便你找出與你最為合適的鳥。

本篇教你：

- ☑ 認識鳥的生命週期
- ☑ 鳥兒的類型
- ☑ 鳥兒的壽命
- ☑ 和你速配的鳥兒

鳥兒的生命週期

鳥類是卵生動物，也因此鳥兒的生命週期是由蛋開始。經由母鳥孵蛋後，雛鳥才破殼而出，並經母鳥哺育，成長至幼鳥期。再經由母鳥帶領之下，開始學飛到獨立，此時為亞成鳥期，經由幾次換羽後，鳥兒羽色則跟成鳥一樣較為鮮豔。當鳥兒漸至成熟且可以繁殖下一代，即為成鳥。成熟後的成鳥即可開始繁殖，繁衍新的一代。

認識鳥類的生命週期變化

	蛋	說明	小中大型鳥的成長年齡
十二～三十天		母鳥產蛋後，由受精卵到孵化需要12至35天。卵黃可以提供胚胎營養，發育中的胚胎也會吸取蛋殼中的鈣質來成長骨骼系統。	**小型鳥** ●例：虎皮鸚鵡，約18天 **中型鳥** ●例：金太陽鸚鵡，約26天 **大型鳥** ●例：非洲灰鸚鵡，約26～28天
七～十四天	雛鳥	是指鳥兒破蛋殼出生後至長出羽管的階段。此時的雛鳥身上只有絨毛，且眼睛尚未張開。此時是鳥類成長速度最快的時期。因為沒有羽毛，所以必須由親鳥照顧或是放置在適當的保溫箱飼養。	**小型鳥** ●例：虎皮鸚鵡，約10天 **中型鳥** ●例：金太陽鸚鵡，約10天 **大型鳥** ●例：非洲灰鸚鵡，約19天

	幼鳥	說明	小中大型鳥的成長年齡
十四～六十天		羽管長出至羽毛長成的時期稱為幼鳥期。幼鳥期的鳥兒眼睛已經張開，此時的羽毛生長快速，大多數的鳥種在不到1個月的時間就可以長滿全身的羽毛。此時還需要飼主人工餵食，是與幼鳥建立感情的好時機。	小型鳥 例：虎皮鸚鵡，約25天 中型鳥 例：金太陽鸚鵡，約40天 大型鳥 例：非洲灰鸚鵡，約50～80天
五個月～兩年	亞成鳥	從幼鳥在轉換為成鳥羽色前都稱為亞成鳥。亞成鳥會經由換羽，逐漸轉換成成鳥的羽色。體型大致上已經與成鳥接近，不過亞成鳥的發育尚未成熟，還不具繁殖能力。	小型鳥 例：虎皮鸚鵡，約六個月 中型鳥 例：金太陽鸚鵡，約一年半 大型鳥 例：非洲灰鸚鵡，約兩年
六個月～七十年	成鳥	從亞成鳥轉換為成鳥羽色後稱為成鳥。在此階段鳥兒的體型已經完全長成，比亞成鳥略大一些，羽色已經展現出該品種成鳥應有的羽色，成鳥發育成熟後，即可配對繁殖。	小型鳥 例：虎皮鸚鵡，約八年 中型鳥 例：金太陽鸚鵡，約24年 大型鳥 例：非洲灰鸚鵡，約38年
平均壽命末兩年	老鳥	當鳥老了以後，從外觀來看，腳上的鱗片會很明顯，有些老鳥的羽毛會較無光澤，甚至像八哥老化以後，還會出現幾根白毛。由於活動力降低，減少理羽，因此羽毛也會較為凌亂。有些老鳥還會出現白內障的毛病。	小型鳥 例：虎皮鸚鵡，約六歲以上 中型鳥 例：金太陽鸚鵡，約23歲以上 大型鳥 例：非洲灰鸚鵡，約35歲以上

鳥兒的壽命

人工飼育、豢養在家的鳥如果受到妥善的照顧，生長情況、體型、健康都比野生種的鳥類來得優良，因此平均壽命比野鳥長。人工飼養的金剛鸚鵡可以擁有50～100年以上的壽命，而野生種的金剛鸚鵡因為環境中存有許多危險因子，環境也嚴苛，因此壽命較短，難以活到原本應有的壽命；一些中型鸚鵡的壽命在25～35年以上，連最小的鳥類至少也可活上5～8年。

各種鳥類的壽命參考表

	鳥種	壽命	鳥種	壽命
雀科鳥類	斑胸草雀（Zebra finch）	5年	十姐妹（Bengalese finch）	5年
	胡錦（Gouldian finch）	7年	文鳥（Java sparrow）	7年
	金絲雀（canary）	10年		
小型軟嘴鳥	綠繡眼（Japanese white eye）	10年		
小型長尾鸚鵡	虎皮鸚鵡（Budgerigar）又稱阿蘇兒	7年	紅額鸚鵡（Red-fronted kakariki）	6年
	光輝鸚鵡（Scarlet chested parakeet）	12年	桔梗鸚鵡（Splendid grass parakeet）	12年
	紅腰鸚鵡（Red-rumped）又稱美聲鸚鵡	15年	花頭鸚鵡（Plun-headed parakeet）	25年
中型長尾鸚鵡	環頸鸚鵡（Ring neck parakeet）又稱月輪	15年	紅腹小太陽（Maroon bellid conure）	15年
	和尚鸚鵡（Monk parrot）	15年	雞尾鸚鵡（Cockatiel）又稱玄鳳	18年
	東玫瑰鸚鵡（Eastern rosella）又稱七草	20年	公主鸚鵡（Princess of Wales parakeet）	20年
	超級鸚鵡（Supeb parrot）	20年	金太陽鸚鵡（Sun conure）	25年

	鳥種	壽命	鳥種	壽命
中型長尾鸚鵡	掘穴鸚鵡（Patagonian conure）	25年	彩虹吸蜜鸚鵡（Rainbow lorikeet）	25年
	紅肩金鋼鸚鵡（Hahn's macaw）	25年		
小型短尾鸚鵡	愛情鳥（Love bird）又稱小鸚	10年	橫斑鸚鵡（Lineolated parakeet）	10年
	偽裝情侶鸚鵡（Masked lovebird）又稱牡丹鸚鵡	10年	菲律賓懸掛鸚鵡（Hanging parrot）	15年
	太平洋鸚鵡（Pacific parrotlet）	20年		
中型短尾鸚鵡	紅猩猩吸蜜鸚鵡（Chattering lory）	25年	藍頭鸚鵡（Blue-headed parrot）	25年
	賽內加爾鸚鵡（Senegal parrot）	30年		
大型短尾鸚鵡	折衷鸚鵡（Eclectus parrot）	30年	藍帽亞馬遜鸚鵡（Blue fronted amazon parrot）	40年
	黃帽亞馬遜（Yellow fronted amazon parrot）	40年	白鳳頭鸚鵡（Umbrella cockatoo）	40年
	葵花鳳頭鸚鵡（Sulphur-creasted cockatoo）	40年	灰鸚（African grey parrot）	50年
大型長尾鸚鵡	栗額金鋼鸚鵡（Severe macaw）	30年	琉璃金鋼鸚鵡（Blue and gold macaw）	50年～70年
	紅金鋼鸚鵡（Green-wing macaw）	50年～70年		

Info* 鳥類壽命與心跳的關係

　　鳥類的壽命長短跟心跳速率成反比。心跳愈快的鳥兒壽命愈短，像是金絲雀；而心跳愈慢的鳥兒壽命愈長，如金剛鸚鵡。這個定律也適用在其他動物身上。

適合居家飼養的鳥

適合居家飼養的鳥除了常見的雀鳥，如文鳥外，以鸚鵡類為大宗。鸚鵡的種類高達三百多種，其中有一百種為較常見可飼養的種類。在此將可以合法飼養的常見鳥類依其嘴喙形狀、體型大小、尾羽長短、習性、食性以及生物分類，歸納為下列九種類型。

九種玩賞鳥的類型與代表

適合居家飼養的鳥可依鳥種粗分為鸚鵡、雀鳥、軟嘴鳥三類，其中從體型、尾巴長短、嘴喙形狀再細分為下列九種類型。

1 大型長尾鸚鵡

在南美天空振翅飛翔的大型長尾鸚鵡，其體型在所有的鸚鵡屬於最大的一群。強而有力的巨大勾狀嘴喙可輕易敲開堅硬的棕櫚果實。有鮮豔色彩的鳥羽，較特別的是，這種鳥種擁有較少見的紅色羽毛如紅金剛鸚鵡。叫聲低沉宏亮，居家飼養時必須提供一個空房間、大型鳥籠甚至是鳥舍。個性溫和，但是叫聲與破壞力強大，飼養前必須多加評估。

類型代表 這類鸚鵡的代表為金剛鸚鵡。例如琉璃金剛鸚鵡、紅金剛鸚鵡。

類型代表 這類鸚鵡的代表有亞馬遜鸚鵡，灰鸚。例如藍帽亞馬遜、黃帽亞馬遜、非洲灰鸚鵡。

2 大型短尾鸚鵡

體型在所有的鸚鵡屬於較大的一群，身形短胖，尾羽較短。具強而有力的勾狀嘴喙，但比大型長尾鸚鵡的嘴喙小一點。鳥羽顏色依鳥種而有所不同，羽毛顏色大多以綠色為主，並搭配其他紅、黃、藍等顏色，例如亞馬遜類的鸚鵡；或是全身羽色以灰色為主，帶有紅色尾羽，如非洲灰鸚鵡。大型短尾鸚鵡的叫聲較為高亢，須注意清晨及傍晚時會因其自然習性而固定鳴叫。因體型大，居家飼養時必須提供大型鳥籠，以供鳥兒有足夠的活動空間。

3 中型長尾鸚鵡

體型介於大型鸚鵡跟小型鸚鵡之間，身形修長，有長長的尾羽。具有較小巧的嘴喙，鳥羽顏色依種類而有所不同，例如澳洲的東玫瑰鸚鵡（七草）有紅、藍、黃、綠等顏色、南美洲珍達鸚鵡的體羽以黃色為主，搭配綠色的飛羽。澳洲產的中型長尾鸚鵡叫聲較為悅耳好聽，個性上較為文靜沉穩。而南美洲產的中型長尾鸚鵡的叫聲則為尖銳吵雜，活潑好動。因為個性活潑親人，體型大小適中，飼養時不須準備大型鳥籠，較不占空間，相當適合當成居家寵物。

類型代表 這類鸚鵡的代表有澳洲的雞尾鸚鵡（玄鳳鸚鵡）、公主鸚鵡以及南美洲的金太陽鸚鵡、藍冠鸚鵡等。

類型代表 這類鸚鵡的代表有非洲的賽內加爾鸚鵡、南美洲的白額鸚鵡等。

4 中型短尾鸚鵡

體型介於大型鸚鵡跟小型鸚鵡中間，身形短胖，尾羽較短。具中型勾狀的嘴喙，鳥羽顏色依種類而有所不同，如南美洲的白額鸚鵡，全身體羽以綠色為主，而非洲的麥耶式鸚鵡全身以灰綠色為主。叫聲尖銳度會低於中型長尾鸚鵡，個性上皆較為沉穩，如分布於非洲地區的賽內加爾鸚鵡，以及南美地區的白額鸚鵡。因為個性較文靜、黏主人，適合當成寵物飼養。

5 小型長尾鸚鵡

體型在鸚鵡裡最小，身形修長，有長長的尾羽。生性活潑且善於飛行。嘴喙小巧，鳥羽顏色依種類而有所不同，虎皮鸚鵡（阿蘇兒）具有綠色為主的羽色，而伯克氏鸚鵡（秋草）具有淡棕色為主並帶有藍色的羽色。叫聲分貝較低。這類小型長尾鸚鵡種類多分布在澳洲，數種小型長尾鸚鵡如虎皮鸚鵡具有基因易變異的特性，容易人工培育出不同羽色的品種，也是相當受歡迎的觀賞兼玩賞鳥，是居家飼養最多的鳥種。

類型代表 這類鸚鵡的代表有虎皮鸚鵡（阿蘇兒）、伯克氏鸚鵡（秋草）等。

⑥ 小型短尾鸚鵡

體型在鸚鵡裡最小，身形短胖，尾羽短，習性活潑善於飛行。嘴喙小巧，鳥羽顏色依鳥種而具多樣變化，叫聲分貝較低。數種小型短尾鸚鵡具有變異基因，種類眾多的特性，容易以人工培育出不同羽色的品種，為相當受歡迎的觀賞兼玩賞鳥。這類小型短尾鸚鵡種類多分布在非洲，如偽裝情侶鸚鵡（牡丹鸚鵡）、愛情鳥（小鸚），南美洲如橫斑鸚鵡、太平洋鸚鵡等。

類型代表 這類鸚鵡的代表有橫斑鸚鵡、太平洋鸚鵡等。

類型代表 如文鳥、胡錦、錦花等等。

⑦ 雀科鳥類

雀科鳥類屬於小型鳥，不同於鸚鵡勾狀的嘴喙，雀鳥的嘴喙呈現出尖尖的小巧圓錐形狀，有著食穀的食性。因雀科容易飼養，便成為家庭最喜愛的寵物鳥之一。世界各地都有分布，鳥羽顏色依種類而有所不同，叫聲多數悅耳動聽，音量極低。

8 小型軟嘴鳥

小型軟嘴鳥體型較小,羽色多變,有細長錐狀的嘴喙,羽色依鳥種而有不同,如綠繡眼的綠羽。軟嘴鳥食用的食物皆有非堅硬食材的特性,有食果、食蟲、雜食性三種食性。此種鳥類在世界分布甚廣,高低弦鳴的鳴聲是小型軟嘴鳥受歡迎的主因。

類型代表 如綠繡眼。

類型代表 有蕉鵑、大嘴鳥、犀鳥等等。

9 中大型軟嘴鳥類

這類的鳥兒身體很大,嘴喙又大又尖長。這種鳥所要吃的食物比較偏向低鐵含量的專用鳥食。具強而有力的巨大嘴喙,鳥羽顏色依種類而有所不同,叫聲低沉聲音傳遞很遠,居家飼養時必須建造空間較大的鳥舍供鳥飛翔。因價格昂貴,因此多數為動物園或是農場所飼養。私人飼養時要注意花費及空間的問題。

什麼樣的鳥和我比較速配

在起心動念將鳥兒帶回家飼養前，應先就個人的喜好、個性、居家飼養環境、經濟能力等條件做綜合評估，釐清個人喜好與負擔能力後，才能依需求，想要飼養羽色鮮豔、美麗的觀賞鳥、鳴聲優美的鳥、可陪伴主人身旁的寵物鳥等考量，找出適合自己飼養的鳥種，避免將鳥帶回家後，因為與自己的期待不符、經濟和精神上無法負荷而後悔。

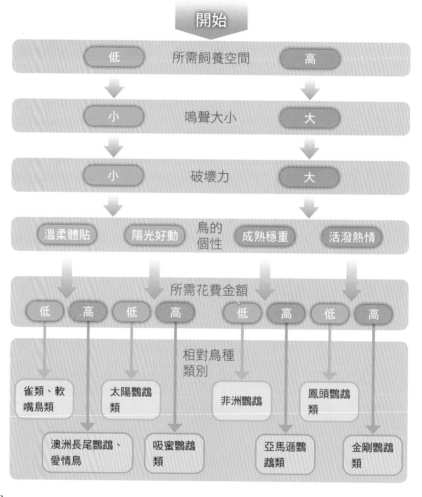

開始

| 低 | 所需飼養空間 | 高 |

| 小 | 鳴聲大小 | 大 |

| 小 | 破壞力 | 大 |

溫柔體貼　陽光好動　鳥的個性　成熟穩重　活潑熱情

所需花費金額
低　高　低　高　　　低　高　低　高

相對鳥種類別

雀類、軟嘴鳥類　　太陽鸚鵡類　　　非洲鸚鵡　　　鳳頭鸚鵡類

澳洲長尾鸚鵡、愛情鳥　　吸蜜鸚鵡類　　　亞馬遜鸚鵡類　　　金剛鸚鵡類

四種類型的寵物鳥

從以上的測驗中已經找出適合自己飼養的寵物鳥，你可從下列依照經濟能力、飼養空間、鳴聲大小、個性等條件的分類中，認識適合自己的寵物鳥有著什麼樣的特性，以及在飼養上需留意的地方。

幼鳥經由人工飼養長大後，從主動親近人的程度與乖巧又不常亂咬主人等特性來判斷其寵物性的好壞。寵物性佳的鳥兒例如雞尾鸚鵡，對飼主相當友善，個性溫合；但有些鳥種如環頸鸚鵡即使從小養大，也是會亂咬主人，較無法控制，因此這些鳥種的寵物性較為不佳。

① 活潑熱情型→像是忠犬一樣喜歡黏著主人

代表鳥種 例如金剛類鸚鵡跟鳳頭類鸚鵡。

這類型的鳥類，十分喜歡與主人相處。在可以與主人在一起的時間，都一直在飼主的身上不捨離去，需要主人更多的陪伴時間。個性活潑熱情，可以與家中的人相處愉快不會有問題產生。此類型的鳥兒因為體積大，活動力強，需要大的鳥籠與較多的消耗性玩具，也需要補充更多的熱量，比起其他中小型鸚鵡，需準備更多的飼料。大型鸚鵡的價格高，叫聲較大，綜合上述的飼養條件，比較適合具備經濟能力、足夠飼養空間，且能妥善處理噪音問題的人飼養。

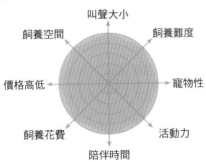

叫聲大小

飼養難度

飼養空間

寵物性

價格高低

活動力

飼養花費

陪伴時間

➋ 成熟穩重型→會成為很好的朋友

代表鳥種 非洲灰鸚鵡與亞馬遜鸚鵡都屬於這類的鳥種。

這類型的鳥類，個性比較獨立，只會認單一主人，因此會跟飼主成為莫逆之交。由於不喜歡跟飼主以外的人互動，天性沉穩較不好動，所以也就不喜歡破壞物品。家人必須多接觸，才能和鳥兒相處愉快。雖然不需要大鳥籠，但也是需要給予適當大小的鳥籠與玩具來排解時間。

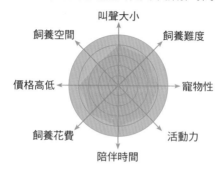

faq 鳥如果不是從小開始養就不會親近主人嗎？

許多人喜愛飼養寵物鳥的原因在於，享受讓鳥兒上手玩耍、和主人親近互動的感覺。要讓鳥兒親人而不畏懼人類，必須從幼鳥或亞成鳥時期以人工手養的方式開始飼養，鳥兒長大後才會親近人。若非從小人工飼育長大的鳥會懼怕人類，不能成為親人的寵物鳥，而只能當做觀賞鳥，這也是很多人會選擇飼養幼鳥的原因。人工飼養長大的成鳥也會親近人，飼養時只需花一點時間與鳥互動，就可以讓鳥兒和主人親近熟悉。

Info* 不是每種鳥都適合當做寵物鳥

每種鳥都有不同的個性，也並不是每一種鳥都適合當做寵物鳥。有些鳥兒因為寵物性不佳，會被主人送走。像是環頸鸚鵡（月輪）雖然很美，但就寵物性來看就不太受歡迎，長大之後很會咬主人，並且不好教導，甚至被歐美養鳥人列為不適合當寵物鳥。想要養這種鳥必須付出極大的耐心跟愛心，才能跟鳥好好地相處。

③ 陽光好動型→牠就是飼主的好動小孩

代表鳥種 例如太陽類鸚鵡與吸蜜鸚鵡就是這一類型的鳥。

這類型的鳥類，個性上不喜歡受拘束，喜歡東看看西看看，就像是好奇小孩一般的喜愛冒險與新事物，是飼主心中的好動小孩，和飼主可以成為很好的朋友。由於生性好動，具破壞力，因此，在飼養空間上除了需要較大的鳥籠外，還需要補充許多消耗性的玩具，給牠發洩多餘的精力。

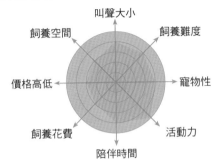

④ 溫柔貼心型→就像是守護飼主的小天使

代表鳥種 雀科鳥類：如文鳥。小型軟嘴鳥：如綠繡眼。澳洲長尾鸚鵡：如雞尾鸚鵡與虎皮鸚鵡。

這類型的鳥，個性溫和，喜愛與人相處，因此擄獲了大多數剛飼養寵物鳥飼主的心。雖然這類型的鳥，體型不大，但乖巧與善解人意的表現頗有大型鳥類的感覺。飼養時不需準備大鳥籠，並提供玩具讓鳥排解精力。想要飼養乖巧的寵物鳥，經驗又不夠時，這類型的鳥種就是最佳的選擇。

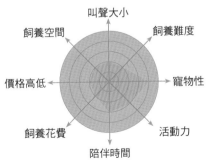

第 一 次 養 鳥 就 上 手

第3篇

認識常見的寵物鳥

當你依照個人的條件、需求做出審慎評估，找出適合飼養的鳥兒後，在此篇章可以進一步地了解你想要飼養的鳥種。本篇從雀科鳥類、軟嘴鳥類、鸚鵡類分別做更為詳盡的介紹，從飼養環境、餵食、相處方式、繁殖或其他應該注意的事項，均有細膩且翔實的文字說明與重點提要。

本篇教你：

☑ 認識雀科鳥類
☑ 認識軟嘴鳥類
☑ 認識常見鸚鵡品種

雀科鳥類

在臺灣常見的雀科鳥類屬於食穀性鳥類。這些雀科鳥類體型嬌小，鳴聲清脆悅耳，飼養起來很容易上手。雀科鳥類對於寒冷較為敏感，一不留意很容易生病或凍死，因此飼養時要做好防寒的準備。另外要特別注意的是，雀科鳥類會將吃過的飼料外殼留在飼料盆裡，沒經驗的新手看到飼料盒有東西以為還有飼料，所以沒有添加新飼料，鳥兒因此餓死。因此，應格外留心飼料盒內是否只有飼料殼，並做好每天更換飼料的例行工作，以免將鳥兒餓死。

台灣常見的雀科鳥類

文鳥　　▶P49

胡錦　　▶P50

金絲雀　　▶P51

文鳥

英文	Java sparrow
原產地	爪哇島與峇里島附近
身長	14cm；屬小型鳥
平均壽命	7年

雀科鳥類

軟嘴鳥類

吸蜜鸚鵡 東南亞

太陽鸚鵡 南美洲

金剛鸚鵡 南美洲

亞馬遜鸚鵡 南美洲

其他鸚鵡 南美洲

鸚鵡 非洲區

鸚鵡 亞洲區

鸚鵡 澳洲區

外型	文鳥有尖尖的紅色嘴喙，原生種的羽色呈現灰黑色。 **變種** 變種的顏色多樣，有黃褐色、白色、銀色、蠟筆色、雜色、瑪瑙色與黑頭色、肉桂色。其中又以原生種與白色種最為常見。
性別辨識	需由專家從外型鑑定，或是使用DNA檢測法。
鳴聲	鳴聲清脆不吵雜。
飼養環境	●文鳥體型嬌小，單獨飼養時，因平時可放出來在家中活動，可使用一呎四鳥籠。 ●整對飼養時，可提供比單隻飼養再大一點的空間，如一呎半鳥籠（46cm×38cm×42cm），以便置放繁殖用的巢箱。 ●如果成群飼養時，可準備6呎×6呎×6呎的鳥籠飼養，讓鳥兒有足夠的空間活動；若使用小型鳥籠飼養時，建議一對一對分開飼養，以免空間不足而打架。
餵食	文鳥為食穀性鳥類，可以雀科綜合穀物飼料為每日的主食。副食如蔬菜，一個星期至少提供三次，市售的礦物質與少許動物性蛋白質如蛋黃粉等營養補充品可酌量使用。
個性與習性	●從幼鳥養起的文鳥乖巧可愛，個性上相當親近主人。 ●文鳥很愛乾淨，可提供一個淺水盆，讓文鳥自己洗澡。
繁殖	●文鳥約一歲時，即可繁殖。可使用洞口直徑5cm的巢箱。 ●母鳥每窩下3～7顆蛋，孵化期約12～15天。 ●母鳥孵蛋和育雛時，不要打開巢箱窺視翻動，以免母鳥因驚嚇而中斷孵蛋或棄養。
注意事項	文鳥的體型嬌小不顯眼，讓鳥自由在室內活動時，飼主在行進坐臥時均須留意文鳥動向。特別是尚未學飛階段的幼鳥，習慣跟在主人腳邊行走，一不小心就會踩到在地上走動的文鳥，造成鳥兒骨折或傷亡。

49

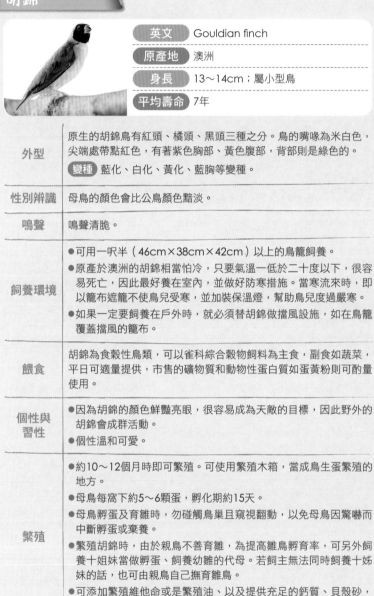

胡錦

英文	Gouldian finch
原產地	澳洲
身長	13～14cm；屬小型鳥
平均壽命	7年

外型	原生的胡錦鳥有紅頭、橘頭、黑頭三種之分。鳥的嘴喙為米白色，尖端處帶點紅色，有著紫色胸部、黃色腹部，背部則是綠色的。 **變種** 藍化、白化、黃化、藍胸等變種。
性別辨識	母鳥的顏色會比公鳥顏色黯淡。
鳴聲	鳴聲清脆。
飼養環境	●可用一呎半（46cm×38cm×42cm）以上的鳥籠飼養。 ●原產於澳洲的胡錦相當怕冷，只要氣溫一低於二十度以下，很容易死亡，因此最好養在室內，並做好防寒措施。當寒流來時，即以籠布遮籠不使鳥兒受寒，並加裝保溫燈，幫助鳥兒度過嚴寒。 ●如果一定要飼養在戶外時，就必須替胡錦做擋風設施，如在鳥籠覆蓋擋風的籠布。
餵食	胡錦為食穀性鳥類，可以雀科綜合穀物飼料為主食，副食如蔬菜，平日可適量提供，市售的礦物質和動物性蛋白質如蛋黃粉則可酌量使用。
個性與習性	●因為胡錦的顏色鮮豔亮眼，很容易成為天敵的目標，因此野外的胡錦會成群活動。 ●個性溫和可愛。
繁殖	●約10～12個月時即可繁殖。可使用繁殖木箱，當成鳥生蛋繁殖的地方。 ●母鳥每窩下約5～6顆蛋，孵化期約15天。 ●母鳥孵蛋及育雛時，勿碰觸鳥巢且窺視翻動，以免母鳥因驚嚇而中斷孵蛋或棄養。 ●繁殖胡錦時，由於親鳥不善育雛，為提高雛鳥孵育率，可另外飼養十姐妹當做孵蛋、飼養幼雛的代母。若飼主無法同時飼養十姊妹的話，也可由親鳥自己撫育雛鳥。 ●可添加繁殖維他命或是繁殖油、以及提供充足的鈣質、貝殼砂，提高鳥兒繁殖機率，讓生蛋順利。

雀科鳥類

軟嘴鳥類

吸蜜鸚鵡　東南亞

太陽鸚鵡　南美洲

金剛鸚鵡　南美洲

亞馬遜鸚鵡　南美洲

其他鸚鵡　南美洲

鸚鵡　非洲區

鸚鵡　亞洲區

鸚鵡　澳洲區

| 注意事項 | ●胡錦十分容易感染氣囊蟎蟲，寄生蟲數量多時還會感染到肺部而致死。平時應多留意胡錦的狀況，檢視是否感染。做法為在安靜時注意胡錦是否有張嘴咳嗽與喘哮聲，一旦發現就必須送醫治療。
●平時飼養時可使用市售產品「滴必靈」，滴在鳥脖子的皮膚上來預防氣囊蟎蟲，若整群飼養時必須同時預防並消毒鳥舍。 |

金絲雀

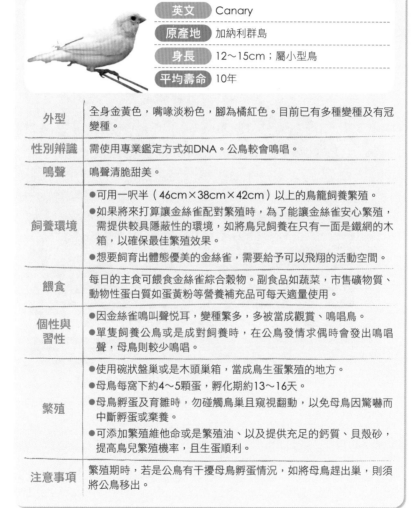

英文	Canary
原產地	加納利群島
身長	12～15cm；屬小型鳥
平均壽命	10年

外型	全身金黃色，嘴喙淡粉色，腳為橘紅色。目前已有多種變種及有冠變種。
性別辨識	需使用專業鑑定方式如DNA。公鳥較會鳴唱。
鳴聲	鳴聲清脆甜美。
飼養環境	●可用一呎半（46cm×38cm×42cm）以上的鳥籠飼養繁殖。 ●如果將來打算讓金絲雀配對繁殖時，為了能讓金絲雀安心繁殖，需提供較具隱蔽性的環境，如將鳥兒飼養在只有一面是鐵網的木箱，以確保最佳繁殖效果。 ●想要飼育出體態優美的金絲雀，需要給予可以飛翔的活動空間。
餵食	每日的主食可餵食金絲雀綜合穀物。副食品如蔬菜，市售礦物質、動物性蛋白質如蛋黃粉等營養補充品可每天適量使用。
個性與習性	●因金絲雀鳴叫聲悅耳，變種繁多，多被當成觀賞、鳴唱鳥。 ●單隻飼養公鳥或是成對飼養時，在公鳥發情求偶時偶時會發出鳴唱聲，母鳥則較少鳴唱。
繁殖	●使用碗狀盤巢或是木頭巢箱，當成鳥生蛋繁殖的地方。 ●母鳥每窩下約4～5顆蛋，孵化期約13～16天。 ●母鳥孵蛋及育雛時，勿碰觸鳥巢且窺視翻動，以免母鳥因驚嚇而中斷孵蛋或棄養。 ●可添加繁殖維他命或是繁殖油、以及提供充足的鈣質、貝殼砂，提高鳥兒繁殖機率，且生蛋順利。
注意事項	繁殖期時，若是公鳥有干擾母鳥孵蛋情況，如將母鳥趕出巢，則須將公鳥移出。

軟嘴鳥類

軟嘴鳥有很多種，食性可分為嗜果性、嗜蟲性及雜食性。目前最為人知的就是九官鳥、綠繡眼、白頭翁等鳥種。飼養軟嘴鳥必須使用軟嘴鳥專用的飼料，如果餵軟嘴鳥類吃穀物，由於軟嘴鳥無法消化硬殼穀物，會因此死亡。

台灣常見的軟嘴鳥類

九官鳥　▶P53

綠繡眼　▶P54

白頭翁　▶P55

紅嘴鵎鵼　▶P56

九官鳥

英文	Greater hill mynah
原產地	亞洲
身長	30cm；屬中型鳥
平均壽命	8年

外型	全身覆著黑羽，有著橘色的嘴喙，在頭後方具黃色肉垂，是九官鳥的一大特色，腳部為黃色。
性別辨識	需進行專業鑑定，如做DNA或是內視鏡檢驗。
鳴叫	鳴叫聲高亢，可學習說話。
飼養環境	●飼養單隻九官鳥需準備三呎（91cm×55cm×60cm）以上的鳥籠，以利鳥兒的日常活動。 ●需提供大小不同的棲木，供鳥兒替換棲息，避免鳥兒的腳爪產生抓握力困難的問題。
餵食	九官鳥為嗜果性鳥類，平日以低鐵的軟嘴鳥飼料為主食，副食如水果，一個星期至少提供三次。市售的礦物質與少許動物性蛋白質如蛋黃粉等營養補充品可酌量使用。
個性與習性	●喜好模仿各種聲音，因此有很好的學語能力。 ●好奇心強，因此會啄取靠近鳥籠的任何物體。
繁殖	●鳥兒約一歲以上時，可使用橫式木頭巢箱，內置牧草或稻草供繁殖用。 ●母鳥每窩下3〜4顆藍色的蛋，孵化期約14天。 ●繁殖期間對於干擾極為敏感，不可靠近干擾。 ●繁殖時添加繁殖維他命或是繁殖油、以及提供充足的鈣質，亦需要補充動物性蛋白質，以確保最佳繁殖成果。
注意事項	●九官鳥容易患有血鐵沉著症，必須餵食低鐵的的九官鳥專用飼料。 ●若是食用非營養專家研發的九官鳥專用軟食飼料，會導致營養不均衡，造成消化不完全，排泄物因此會有臭味。

雀科鳥類

軟嘴鳥類

吸蜜鸚鵡 東南亞

太陽鸚鵡 南美洲

金剛鸚鵡 南美洲

亞馬遜鸚鵡 南美洲

其他鸚鵡 南美洲

鸚鵡 非洲區

鸚鵡 亞洲區

鸚鵡 澳洲區

綠繡眼

英文	White eye zosterops
原產地	亞、非洲
身長	10～14cm；屬小型鳥
平均壽命	10年

外型	綠繡眼有著黃中帶綠的羽色，因食蜜、食蟲的食性，嘴喙長而尖，方便取食昆蟲與花蜜。眼周環繞著一圈白毛，像是長了白眼圈，體型嬌小，腿也很細。
性別辨識	需經有經驗的專家做專業鑑定，或是做DNA檢驗。
鳴叫	聲音清脆甜美。
飼養環境	●飼養於鳥舍時，須提供會開花的植栽，供其吸取花蜜及築巢。 ●單隻飼養在室內時，可使用竹籠飼養。
餵食	為嗜果性鳥類，以綠繡眼專用飼料為主食，副食如水果、花粉，每週均需提供三次以上，並適量提供市售的礦物質與少許動物性蛋白質如蛋黃粉、麵包蟲。
個性與習性	●野外的綠繡眼喜歡舔食花蜜與水果。 ●從小養起的綠繡眼個性活潑相當親主人。
繁殖	●飼養在種有植栽鳥舍的綠繡眼喜歡在樹枝間自行築巢。可使用壺狀巢當成綠繡眼生蛋繁殖的窩。 ●母鳥每窩下2～4顆蛋，孵化期約10～12天。 ●添加繁殖維他命或是繁殖油、以及提供充足的鈣質、蛋黃粉，以確保最佳繁殖成果。
注意事項	●綠繡眼綠色的毛色很容易因為餵食的食物並沒有野外天然的食物多樣及豐富，或是餵食的飼料不夠營養，而使毛色褪色變為灰色。餵養綠繡眼必須多提供各種水果及常曬太陽，增進羽色亮麗。 ●為使綠繡眼的毛色常保綠色，可以在飼料添加觀賞鳥專用的黃色生色劑。

白頭翁

英文	Formosan chinese bulbul
原產地	台灣
身長	18cm；屬小型鳥
平均壽命	8年

外型	頭頂白色，頭上有黑白兩色，背上及尾羽橄欖綠，胸腹灰白色，眼後有一塊圓型白斑。
性別辨識	外型無法辨別，除非靠長期觀察行為。須進行專業鑑定，如做DNA或是內視鏡檢驗。
鳴叫	聲音清脆甜美。
飼養環境	●手養長大的白頭翁不怕人，但斷奶後較難適應較小的鳥籠，常會撞籠造成鼻部受傷或禿毛。 ●提供較大空間的鳥籠或是有植栽的鳥舍較為理想。
餵食	白頭翁為雜食性鳥類，主食可使用軟嘴鳥專用飼料餵養，並添加副食如水果，並提供市售的礦物質與少許動物性蛋白質如蛋黃粉、小蟲一起餵食。
個性與習性	●溫和活潑，喜愛自在地飛翔。 ●如果在野外地上看到白頭翁或別種野鳥的亞成鳥，可能只是練飛時掉到地上，先不要撿起來，多數情況都有母鳥在旁邊將亞成鳥帶走。
繁殖	野外的白頭翁會自己做巢，母鳥每窩下3～4顆蛋，伏窩孵蛋15天後可孵出雛鳥。
注意事項	●揀到白頭翁的幼鳥時，請先保溫並且用軟嘴鳥專用飼料泡溫熱水弄成丸狀餵食，一天須餵食五餐以上。 ●撿到其他臺灣野鳥也可以先如此餵食以防鳥兒餓死或脫水，如為保育類的野鳥則須交由林務局或縣市政府保育保育單位處理。 ●飼養白頭翁幼鳥或其他野鳥幼鳥時，很容易會發生軟腳站不起來的狀況，因此必須要在飼料裡添加鈣質及維他命D，並且餵食富含維他命的木瓜，經過一段時間後，軟腳症狀即會消除。

雀科鳥類
軟嘴鳥類
吸蜜鸚鵡 東南亞
太陽鸚鵡 南美洲
金剛鸚鵡 南美洲
亞馬遜鸚鵡 南美洲
其他鸚鵡 南美洲
鸚鵡 非洲區
鸚鵡 亞洲區
鸚鵡 澳洲區

紅嘴鵎鵼

英文	Red-billed toucan
原產地	南美洲
身長	45cm；屬大型鳥
平均壽命	20年

外型	紅嘴鵎鵼有巨大、彩色的嘴喙，為這種鳥外型最引人注目之處，因此有大嘴鳥的俗稱。巨大而下彎的嘴喙有著紅、黑、黃、藍的鮮豔色彩，眼周處有一圈藍暈色彩，面部、喉部有著白羽，其他部分如身體、尾羽為黑羽。
性別辨識	需進行專業鑑定，如做DNA或是內視鏡檢驗。
鳴叫	聲音不悅耳。
飼養環境	必須準備種有大量植栽的鳥舍供紅嘴鵎鵼活動及飛翔跳躍。
餵食	●紅嘴鵎鵼為嗜果性鳥類，主食可餵食低鐵大嘴鳥專用飼料，並適量添加副食如水果、生物鈣與少許動物性蛋白質如蛋黃粉、麵包蟲。 ●可使用無花果餵食紅嘴鵎鵼，替鳥補充所需的維他命及礦物質。
個性與習性	●個性活潑，好奇心強。 ●紅嘴鵎鵼吃東西時，會側臉用單眼看食物，而且夾起食物時，還會用拋接方式把食物吃進去。
繁殖	●約兩歲時，可使用中空原木巢箱繁殖。 ●母鳥每窩下約2～4顆蛋，孵化期約19天。 ●添加繁殖維他命或是繁殖油、提供充足的鈣質、蛋黃粉，以確保最佳繁殖成果。
注意事項	需用紅嘴鵎鵼低鐵含量專用飼料飼養，若是食物裡含鐵量高於紅嘴鵎鵼所能代謝的濃度，會產生血鐵沉著症，而導致死亡。

東南亞的吸蜜鸚鵡

吸蜜鸚鵡顏色鮮艷,活潑好動相當引人注目。吸蜜鸚鵡家族是鸚鵡裡面最特殊的種類,野外的吸蜜鸚鵡利用牠們特殊的刷狀舌舔食花蜜和花粉維生。由於吸蜜鸚鵡的肌胃生理構造特殊,無法磨碎穀物,因此不像其他鸚鵡可以食用穀物,飼養吸蜜鸚鵡時必須餵食液狀或粉狀且低鐵的吸蜜鸚鵡專用飼料,才能確保吸蜜鸚鵡的健康。除了食性特別外,吸蜜鸚鵡在繁殖方面也很特別,除了完美吸蜜鸚鵡一窩可產三個蛋外,其他的吸蜜鸚鵡一窩產蛋數只有兩顆,跟其他鸚鵡一窩產四、五顆蛋有所不同。

台灣常見的東南亞吸蜜鸚鵡

紅色吸蜜鸚鵡 ▶P58

青海吸蜜鸚鵡 ▶P59

紅猩猩吸蜜鸚鵡 ▶P60

黃兜吸蜜鸚鵡 ▶P61

雀科鳥類

軟嘴鳥類

吸蜜鸚鵡 東南亞

太陽鸚鵡 南美洲

金剛鸚鵡 南美洲

亞馬遜鸚鵡 南美洲

其他鸚鵡 南美洲

鸚鵡 非洲區

鸚鵡 亞洲區

鸚鵡 澳洲區

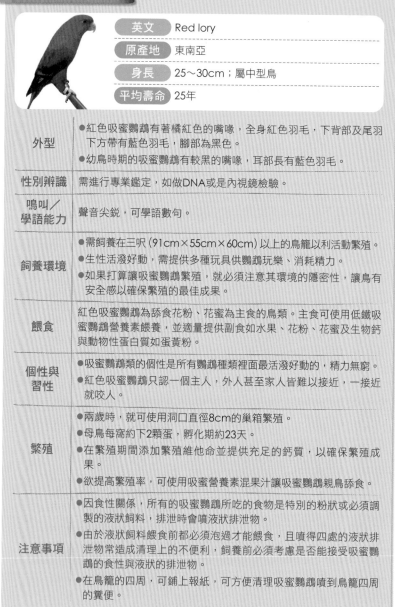

紅色吸蜜鸚鵡

英文	Red lory
原產地	東南亞
身長	25～30cm；屬中型鳥
平均壽命	25年

外型	●紅色吸蜜鸚鵡有著橘紅色的嘴喙，全身紅色羽毛，下背部及尾羽下方帶有藍色羽毛，腳部為黑色。 ●幼鳥時期的吸蜜鸚鵡有較黑的嘴喙，耳部長有藍色羽毛。
性別辨識	需進行專業鑑定，如做DNA或是內視鏡檢驗。
鳴叫／學語能力	聲音尖銳，可學語數句。
飼養環境	●需飼養在三呎 (91cm×55cm×60cm) 以上的鳥籠以利活動繁殖。 ●生性活潑好動，需提供多種玩具供鸚鵡玩樂、消耗精力。 ●如果打算讓吸蜜鸚鵡繁殖，就必須注意其環境的隱密性，讓鳥有安全感以確保繁殖的最佳成果。
餵食	紅色吸蜜鸚鵡為舔食花粉、花蜜為主食的鳥類。主食可使用低鐵吸蜜鸚鵡營養素餵養，並適量提供副食如水果、花粉、花蜜及生物鈣與動物性蛋白質如蛋黃粉。
個性與習性	●吸蜜鸚鵡類的個性是所有鸚鵡種類裡面最活潑好動的，精力無窮。 ●紅色吸蜜鸚鵡只認一個主人，外人甚至家人皆難以接近，一接近就咬人。
繁殖	●兩歲時，就可使用洞口直徑8cm的巢箱繁殖。 ●母鳥每窩約下2顆蛋，孵化期約23天。 ●在繁殖期間添加繁殖維他命並提供充足的鈣質，以確保繁殖成果。 ●欲提高繁殖率，可使用吸蜜營養素混果汁讓吸蜜鸚鵡親鳥舔食。
注意事項	●因食性關係，所有的吸蜜鸚鵡所吃的食物是特別的粉狀或必須調製的液狀飼料，排泄時會噴液狀排泄物。 ●由於液狀飼料餵食前都必須泡過才能餵食，且噴得四處的液狀排泄物常造成清理上的不便利，飼養前必須考慮是否能接受吸蜜鸚鵡的食性與液狀的排泄物。 ●在鳥籠的四周，可鋪上報紙，可方便清理吸蜜鸚鵡噴到鳥籠四周的糞便。

雀科鳥類

軟嘴鳥類

吸蜜鸚鵡 東南亞

太陽鸚鵡 南美洲

金剛鸚鵡 南美洲

亞馬遜鸚鵡 南美洲

其他鸚鵡 南美洲

鸚鵡 非洲區

鸚鵡 亞洲區

鸚鵡 澳洲區

青海吸蜜鸚鵡

英文	Green gaped lorikeet
原產地	東南亞
身長	30cm；屬中型鳥
平均壽命	25年

外型	青海吸蜜鸚鵡的羽色鮮艷，有著黃色的嘴喙，頭部呈現紫色、頸部綠色、胸前的體羽紅色帶有黑色斑紋，並有綠色翅膀。
性別辨識	需進行專業鑑定，如做DNA或是內視鏡檢驗。
鳴叫／學語能力	叫聲尖銳，可學說話。
飼養環境	●需飼養在三呎（91cm×55cm×60cm）以上的鳥籠以利活動繁殖。 ●生性活潑好動，需提供多種玩具供鸚鵡玩樂、消耗精力、排遣時間。 ●如果打算讓吸蜜鸚鵡繁殖，就必須注意其環境的隱密性，讓鸚鵡有安全感以確保繁殖的最佳成果。
餵食	主食可使用低鐵吸蜜鸚鵡營養素餵養，並適量提供副食如水果、花粉、花蜜及生物鈣與動物性蛋白質如蛋黃粉。
個性與習性	●個性是所有鸚鵡裡面最活潑好動的，精力無窮。 ●青海吸蜜鸚鵡只認一個主人，外人甚至家人皆難以接近。一接近就咬人。
繁殖	●兩歲時可使用洞口直徑8cm的巢箱繁殖。 ●母鳥每窩下約2顆蛋，孵化期約23天。 ●欲提高繁殖率可使用吸蜜營養素混合果汁讓吸蜜親鳥舔食。
注意事項	所有吸蜜鸚鵡的腳爪長得快又尖，因此需要定期修爪或在鳥籠裡安裝磨爪棲木讓吸蜜鸚鵡磨爪，幫助鸚鵡的腳爪維持正常長度，如此一來，主人的手上也不會留有跟吸蜜鸚鵡互動後，被其尖銳腳爪留下的一道道抓痕。

紅猩猩吸蜜鸚鵡

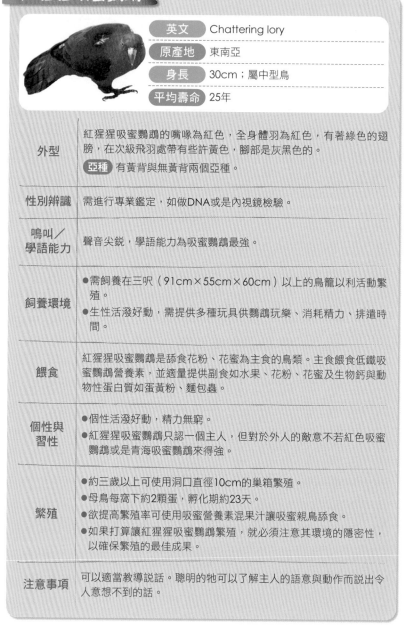

英文	Chattering lory
原產地	東南亞
身長	30cm；屬中型鳥
平均壽命	25年

外型	紅猩猩吸蜜鸚鵡的嘴喙為紅色，全身體羽為紅色，有著綠色的翅膀，在次級飛羽處帶有些許黃色，腳部是灰黑色的。 **亞種** 有黃背與無黃背兩個亞種。
性別辨識	需進行專業鑑定，如做DNA或是內視鏡檢驗。
鳴叫／ 學語能力	聲音尖銳，學語能力為吸蜜鸚鵡最強。
飼養環境	●需飼養在三呎（91cm×55cm×60cm）以上的鳥籠以利活動繁殖。 ●生性活潑好動，需提供多種玩具供鸚鵡玩樂、消耗精力、排遣時間。
餵食	紅猩猩吸蜜鸚鵡是舔食花粉、花蜜為主食的鳥類。主食餵食低鐵吸蜜鸚鵡營養素，並適量提供副食如水果、花粉、花蜜及生物鈣與動物性蛋白質如蛋黃粉、麵包蟲。
個性與 習性	●個性活潑好動，精力無窮。 ●紅猩猩吸蜜鸚鵡只認一個主人，但對於外人的敵意不若紅色吸蜜鸚鵡或是青海吸蜜鸚鵡來得強。
繁殖	●約三歲以上可使用洞口直徑10cm的巢箱繁殖。 ●母鳥每窩下約2顆蛋，孵化期約23天。 ●欲提高繁殖率可使用吸蜜營養素混果汁讓吸蜜親鳥舔食。 ●如果打算讓紅猩猩吸蜜鸚鵡繁殖，就必須注意其環境的隱密性，以確保繁殖的最佳成果。
注意事項	可以適當教導說話。聰明的牠可以了解主人的語意與動作而說出令人意想不到的話。

黃兜吸蜜鸚鵡

英文	Yellow-bibbed lory
原產地	東南亞
身長	28cm；屬中型鳥
平均壽命	25年

外型	黃兜吸蜜鸚鵡的頭頂是黑色的，嘴喙呈現橘紅色，臉頰到胸前有黑斑。身體主要為紅色，胸前有黃色帶狀羽毛、腳部為鮮豔的藍色，翅膀則為綠色，腳部為灰黑色，尾巴紅色，尾巴下方為黃綠色。
性別辨識	需進行專業鑑定，如做DNA或是內視鏡檢驗。
鳴叫／學語能力	聲音尖銳，學語能力佳。
飼養環境	●需飼養在三呎（91cm×55cm×60cm）以上的鳥籠以利活動繁殖。 ●生性活潑好動，需提供多種玩具供鸚鵡玩樂、消耗精力。 ●如果打算讓黃兜吸蜜鸚鵡繁殖，就必須注意其環境的隱密性，以確保繁殖的最佳成果。
餵食	黃兜吸蜜鸚鵡是舔食花粉、花蜜為主食的鳥類。主食可使用低鐵吸蜜鸚鵡營養素餵養，並適量添加副食如水果、花粉、花蜜及生物鈣與少許動物性蛋白質如蛋黃粉、小蟲。
個性與習性	●個性活潑頑皮又好動，精力無窮。 ●黃兜吸蜜鸚鵡只認一個主人，但對於外人的敵意不若紅色或是青海吸蜜鸚鵡來得強。
繁殖	●年齡約三歲以上可開始繁殖。 ●使用洞口直徑約8cm的橫式巢箱。 ●母鳥每窩下約2顆蛋，孵化期約23天。 ●欲提高繁殖率可使用吸蜜營養素混合果汁讓吸蜜鸚鵡親鳥舔食。
注意事項	●黃兜吸蜜鸚鵡在發情期時會比較愛咬主人的手，從小就必須多加以訓練教導，讓鳥兒改掉愛啃咬的習慣。

雀科鳥類

軟嘴鳥類

吸蜜鸚鵡 東南亞

太陽鸚鵡 南美洲

金剛鸚鵡 南美洲

亞馬遜鸚鵡 南美洲

其他鸚鵡 南美洲

鸚鵡 非洲區

鸚鵡 亞洲區

鸚鵡 澳洲區

南美洲的太陽鸚鵡

南美洲太陽類鸚鵡有許多種類。其中有一種受全世界歡迎的太陽鸚鵡如金太陽鸚鵡，金黃色的外表，超黏人的個性相當討喜。另外有一些較小型的太陽鸚鵡，鳴叫聲較小聲，個性乖巧可愛也是初學者很容易上手的鳥種。太陽類鸚鵡活潑好動，飼養時也必須要跟他們多互動，以免拔毛自殘。

台灣常見的南美洲太陽鸚鵡

金太陽鸚鵡 ▶P63

黑頭太陽鸚鵡 ▶P64

紅面具太陽鸚鵡 ▶P65

綠頰小太陽鸚鵡 ▶P66

金太陽鸚鵡

英文	Sun conure
原產地	南美洲
身長	30Cm；屬中型鳥
平均壽命	25年

外型	成鳥全身體羽多以金黃色為主，面部、胸腹部的毛金黃帶有橘紅，嘴喙黑色，翅膀初級及次級飛羽為藍、綠色，尖端為黃色、灰黑色，尾巴為橄欖綠，尖端帶有藍色，腳為灰黑色。
性別辨識	需進行專業鑑定，如做DNA或是內視鏡檢驗。
鳴叫／學語能力	聲音吵雜，可學語數句。
飼養環境	●需飼養在三呎（91cm×55cm×60cm）以上的鳥籠以利活動繁殖。 ●鳥籠裡必須要提供玩具與適當的棲木給予啃咬。 ●由幼鳥飼養起的金太陽鸚鵡可以群養，甚至可以與其他種的太陽鸚鵡一起飼養。
餵食	金太陽鸚鵡為食穀鳥類，主食可餵食中大型特級營養飼料，並適量提供副食如水果、生物鈣、礦物質如啄石或礦物砂與少許動物性蛋白質如蛋黃粉等。
個性與習性	●喜歡黏著主人，聰慧活潑，是目前最受迎的寵物鳥之一。 ●金太陽鸚鵡有看門狗的稱號，一有陌生人接近就會大叫。
繁殖	●約兩歲時可使用洞口直徑8cm的巢箱繁殖。 ●母鳥每窩下約3～4顆蛋，孵化期約23天。 ●金太陽進入繁殖期時，公鳥較具攻擊性，對接近巢箱的人會出現攻擊的動作，對飼主也不例外。可由此判斷鳥快要繁殖生蛋了。 ●繁殖期間可添加繁殖維他命或是繁殖油，以及提供充足的鈣質、礦石及蛋黃粉，以確保最佳繁殖成果。
注意事項	●金太陽鸚鵡的叫聲較尖銳，因此飼養幼鳥時，需從小訓練不會亂叫的習慣。當金太陽鸚鵡鳴叫時，都不要靠近或是回應地，當金太陽鸚鵡長大後，也就比較不會以大叫的方式來吸引主人注意。 ●金太陽鸚鵡的幼鳥全身則多為綠色，在成長過程中需費時約一年半慢慢換羽，才能逐漸轉換成人們熟知的成鳥金黃羽色。

雀科鳥類

軟嘴鳥類

吸蜜鸚鵡 東南亞

太陽鸚鵡 南美洲

金剛鸚鵡 南美洲

亞馬遜鸚鵡 南美洲

其他鸚鵡 南美洲

鸚鵡 非洲區

鸚鵡 亞洲區

鸚鵡 澳洲區

黑頭太陽鸚鵡

英文	Nanday conure
原產地	南美洲
身長	30cm；屬中型鳥
平均壽命	25年

外型	黑頭吸蜜太陽鸚鵡的嘴喙為黑色，有著黑色頭部，全身羽毛多為綠色，胸前有藍色區塊。腿部為肉色，在跟部有紅色羽毛。
性別辨識	需進行專業鑑定，如做DNA或是內視鏡檢驗。
鳴叫／學語能力	聲音吵雜，可學語數句。
飼養環境	●需飼養在三呎（91cm×55cm×60cm）以上的鳥籠以利活動繁殖。 ●鳥籠中必須提供玩具與適當的棲木給予啃咬，消耗精力消磨時間。 ●由幼鳥飼養起的黑頭太陽鸚鵡可以群養，甚至可以與其他種的太陽鸚鵡一起飼養。
餵食	黑頭太陽鸚鵡為食穀鳥類，主食可餵食中大型特級營養飼料，並適量添加副食如水果、生物鈣、礦物質如啄石或礦物砂與少許動物性蛋白質如蛋黃粉等。
個性與習性	●從幼鳥開始飼養的黑頭太陽鸚鵡，個性相當熱情、活潑，也很愛玩。 ●野外的黑頭太陽鸚鵡是群居性的，常用尖叫來彼此溝通。因此飼養在家中時黑頭太陽鸚鵡會用尖叫聲來引起主人的注意。
繁殖	●約兩歲時，可用洞口直徑8cm的巢箱繁殖。 ●母鳥每窩下約2～5顆蛋，伏窩孵蛋約23天後可孵出雛鳥。 ●可添加繁殖維他命或是繁殖油，以及提供充足的鈣質、貝殼砂及蛋黃粉，以確保最佳繁殖成果。
注意事項	最好不要將黑頭太陽鸚鵡跟較小型太陽鸚鵡混養，因黑頭太陽鸚鵡的攻擊性可能會讓小型太陽鸚鵡受傷。

紅面具太陽鸚鵡

英文	Red-masked conure
原產地	南美洲
身長	33cm；屬中型鳥
平均壽命	25年

外型	嘴喙為象牙色，眼周有一圈白色眼圈，頭部紅色，全身多為綠色羽毛，翅膀前緣紅色，腳部為灰黑色。
性別辨識	需進行專業鑑定，如做DNA或是內視鏡檢驗。
鳴叫／學語能力	聲音吵雜，可學語數句。
飼養環境	●需飼養在三呎（91cm×55cm×60cm）以上的鳥籠以利活動繁殖。 ●提供堅固的金屬製鳥籠，裡面布置許多玩具棲木供其啃咬玩耍，消耗精力、排遣時間。 ●平時可成群飼養於大鳥舍中，但繁殖季時必須要分開成對飼養，以提高繁殖成功率。
餵食	主要為食穀鳥類，主食可餵食中大型特級營養飼料，並適量添加副食如水果、生物鈣、礦物質如啄石或礦物砂與少許動物性蛋白質如蛋黃粉。
個性與習性	●紅面具太陽鸚鵡個性活潑好動，是相當淘氣的寵物鳥。 ●紅面具太陽鸚鵡為大型的太陽鸚鵡，喜愛群居以叫聲來相互溝通。其叫聲雖不若金太陽鸚鵡尖銳，但叫聲分貝高，相當吵雜。
繁殖	●年齡約三歲以上可開始繁殖。 ●使用洞口直徑8cm的巢箱。 ●母鳥每窩下約3～4顆蛋，孵化期約23天。 ●可添加繁殖維他命或是繁殖油以及提供充足的鈣質、貝殼砂及蛋黃粉，以確保最佳繁殖成果。
注意事項	紅面具太陽與米特雷太陽鸚鵡容易搞混，紅面具太陽鸚鵡頭部為整片紅色，覆蓋超過半個頭部；而米特雷太陽鸚鵡則是頭頂才有紅色以及臉頰有些許的紅色斑紋。

綠頰小太陽

變種黃邊小太陽

英文	Green cheeked conure
原產地	南美洲
身長	26cm；屬中型鳥
平均壽命	15年

外型	原生種的綠頰小太陽全身多為綠色，頭部為暗黑色，胸部為灰色，嘴喙黑色，尾巴為磚紅色。 **變種** 藍化、黃邊與華樂三種變種。
性別辨識	需進行專業鑑定，如做DNA或是內視鏡檢驗。
鳴叫／ 學語能力	聲音較不吵雜，可學語數句。
飼養環境	●需飼養在兩呎（60cm×41cm×39cm）以上的鳥籠以利活動繁殖。 ●破壞能力不大，但仍需給予好動的綠頰小太陽玩具玩耍。 ●因個性溫馴，可與其他種太陽鸚鵡一起飼養。
餵食	主要為食穀鳥類，主食可餵食中大型長尾特級營養飼料，並適量添加副食如水果、生物鈣、礦物質如啄石或礦物砂，少許的動物性蛋白質如蛋黃粉。
個性& 習性	●綠頰小太陽個性溫和乖巧，是相當適合初學者飼養的寵物鳥。 ●綠頰小太陽很喜歡躺著玩，是信任主人有安全感所產生放鬆的動作，而非生病了。
繁殖	●一歲以上時，可使用洞口直徑8cm的巢箱繁殖。 ●母鳥每窩下約4～6顆蛋，孵化期約23天。 ●可添加繁殖維他命或是繁殖油，並提供充足的鈣質、貝殼砂及蛋黃粉，以確保最佳繁殖成果。
注意事項	綠頰小太陽鸚鵡很會開籠門，且綠頰小太陽體型小，要小心他們從裝飼料盆的開口打開鑽出而飛走。

南美洲的金剛鸚鵡

產自南美洲的金剛鸚鵡種類眾多，通常最為人知的品種為羽色藍、黃的琉璃金剛鸚鵡。金剛鸚鵡的體型和羽毛的變化也大，從最小的紅肩金剛鸚鵡體長約32.5公分、栗額金剛鸚鵡46公分，到琉璃金剛鸚鵡86公分，最大的鸚鵡就是藍紫金剛鸚鵡，可達100公分。金剛鸚鵡的共同特徵為臉上有裸皮，叫聲宏亮，壽命很長，在飼養前必須多加考慮。

台灣常見的南美洲金剛鸚鵡

紅肩金剛鸚鵡 ▶P68

栗額金剛鸚鵡 ▶P69

琉璃金剛鸚鵡 ▶P70

綠翅金剛鸚鵡 ▶P71

雀科鳥類

軟嘴鳥類

吸蜜鸚鵡 東南亞

太陽鸚鵡 南美洲

金剛鸚鵡 南美洲

亞馬遜鸚鵡 南美洲

其他鸚鵡 南美洲

鸚鵡 非洲區

鸚鵡 亞洲區

鸚鵡 澳洲區

紅肩金剛鸚鵡

英文	Red shouldered macaw
原產地	南美洲
身長	32.5cm；屬中型鳥
平均壽命	25年

外型	●紅肩金剛鸚鵡的黑色嘴喙又尖又彎，有著白色裸皮，全身綠色，唯有羽翼下帶有少許紅色羽毛。 ●另有貴族金剛亞種，嘴喙是白色的。
性別辨識	需進行專業鑑定，如做DNA或是內視鏡檢驗。
鳴叫／學語能力	聲音吵雜，說話能力佳。
飼養環境	●需飼養在三呎（91cm×55cm×60cm）以上的鳥籠以利活動繁殖。 ●天性愛啃咬，須提供堅固的金屬製鳥籠，裡面布置許多玩具棲木供其啃咬玩耍。 ●飼養在人口稠密的住宅區時，需注意噪音問題，要注意到不能影響到鄰居。
餵食	主要為食穀鳥類，主食可餵食中大型鸚鵡飼料，並適量提供副食如水果、蔬菜、生物鈣、礦物質如啄石或礦物砂與少許動物性蛋白質如蛋黃粉。
個性與習性	●個性相當黏主人，喜歡整天停在主人身上，認單一主人。 ●喜歡啃咬木頭的東西，注意不要讓他們破壞傢俱。
繁殖	●約兩歲時，可使用洞口直徑8cm的巢箱繁殖。 ●母鳥每窩下約4～6顆蛋，孵化期約25天。 ●可添加繁殖維他命或是繁殖油，以及提供充足的鈣質、貝殼砂及蛋黃粉，以確保最佳繁殖成果。
注意事項	紅肩金剛鸚鵡的嘴喙末端原本就是又尖又長，不要以為是嘴喙過度生長而去修剪。嘴喙裡充滿血管及神經，修剪嘴喙會讓鳥兒嘴喙神經受損而痛苦不已。

栗額金剛鸚鵡

英文	Chestnut fronted macaw
原產地	南美洲
身長	46cm；屬大型鳥
平均壽命	30年

外型	栗額金剛鸚鵡有著黑色嘴喙，全身綠色，額頭有小片栗紅色，有著白色裸皮，於裸皮處夾雜著黑色的羽毛，看起來像帶了面罩，翅膀下方呈現鮮紅色，腳部為灰黑色。
性別辨識	需進行專業鑑定，如做DNA或是內視鏡檢驗。
鳴叫／學語能力	聲音吵雜，學語能力強。
飼養環境	●需飼養在120cm×80cm×120cm以上的鳥籠以利活動繁殖。 ●需在鳥籠裡面布置許多玩具棲木供其啃咬玩耍、消耗精力、排遣時間。 ●飼養在人口稠密的住宅區時，需注意噪音問題，要注意到不能影響到鄰居。
餵食	主要為食穀鳥類，主食可餵食中大型特級營養飼料，並適量提供副食如水果、生物鈣、礦物質如啄石或礦物砂與少許動物性蛋白質如蛋黃粉。
個性與習性	●個性溫和，黏主人，喜歡跟飼主一起做任何事情。 ●喜歡啃咬木頭的東西，須注意不要讓他們破壞傢俱。
繁殖	●約三歲以上可使用洞口直徑12cm的巢箱繁殖。 ●母鳥每窩下約3～4顆蛋，孵化期約26天。 ●可添加繁殖維他命或是繁殖油，以及提供充足的鈣質、礦石及蛋黃粉，以確保最佳繁殖成果。
注意事項	●栗額金剛鸚鵡為中型金剛鸚鵡的代表種類，個性溫馴甚至可以與太陽鸚鵡類一起生活。 ●需要給予較大的空間活動與樹枝啃咬。

雀科鳥類

軟嘴鳥類

吸蜜鸚鵡

太陽鸚鵡 東南亞

南美洲

金剛鸚鵡 南美洲

亞馬遜鸚鵡 南美洲

其他鸚鵡 南美洲

鸚鵡 非洲區

鸚鵡 亞洲區

鸚鵡 澳洲區

琉璃金剛鸚鵡

英文	Blue and gold macaw
原產地	南美洲
身長	86cm；屬大型鳥
平均壽命	50~70年

外型	琉璃金剛鸚鵡的嘴喙為黑色，面部有白色裸皮，上有黑色的條紋羽毛，從嘴喙上方裸皮處延伸至頭頂區域為綠色，從頭頂起連接背部、翅膀的大片體羽色澤呈層次變化，由藍綠色轉為深淺不一的藍色。由鸚鵡頰邊裸皮旁開始至腹部下方尾羽處為黃色的。
性別辨識	需進行專業鑑定，如做DNA或是內視鏡檢驗。
鳴叫／學語能力	聲音吵雜，學語能力強。
飼養環境	●琉璃金剛體型很大且尾巴很長，須提供較大的鳥舍或是提供一個空房間飼養，裡面布置許多玩具、棲木等供其攀爬玩耍、消耗精力、排遣時間。 ●飼養時必須注意隔音問題以免影響到鄰居。 ●琉璃金剛鸚鵡嘴喙強而有力，愛啃咬、破壞力強，必須要先預防家裡的物品被破壞。
餵食	●為食穀鳥類，主食可餵食金剛鸚鵡水果及核果飼料，並適量提供副食如水果、生物鈣、礦物質如啄石或礦物砂與少許動物性蛋白質如蛋黃粉。 ●金剛鸚鵡可另外提供市售鳥專用營養黏土塊供其啃咬，以模擬野外金剛鸚鵡啃咬黏土的情境。 ●要大量提供帶殼核果讓其啃食，以補充大型金剛鸚鵡所需的植物性油脂。
個性與習性	●個性熱情好動，像小狗一樣會跟著主人、需與主人有很多互動和主人的注意。 ●有些金剛鸚鵡雖然會認主人，但也會跟有互動的家人與朋友建立良好的關係。
繁殖	●約六歲時，可使用洞口直徑22cm的巢箱繁殖。 ●母鳥每窩下約1～3顆蛋，孵化期約25～27天。 ●可添加繁殖維他命或是繁殖油，以及提供充足的鈣質、貝殼砂及蛋黃粉，以確保最佳繁殖成果。
注意事項	嘴喙大而有力，腳爪也很強壯，因此不適合兒童飼養。

綠翅金剛鸚鵡

英文	Green winged macaw
原產地	南美洲
身長	90cm；屬大型鳥
平均壽命	50~70年

外型	綠翅金剛鸚鵡有巨大的嘴喙，面部有白色裸皮，並夾雜著紅色細毛，全身羽色幾乎為紅色，翅膀處為綠色的，有著粗壯的腳趾，外表看起來非常強悍。
性別辨識	需進行專業鑑定，如做DNA或是內視鏡檢驗。
鳴叫／學語能力	聲音吵雜，說話能力強。
飼養環境	●綠翅金剛鸚鵡體型很大且尾巴很長，須提供較大的鳥舍或是提供一個空房間飼養，裡面布置許多玩具、棲木等供其攀爬玩耍、消耗精力、排遣時間。 ●綠翅金剛鸚鵡嘴喙強而有力，愛啃咬因此破壞力強，必須要先預防家裡的物品被破壞。
餵食	●主要為食穀鳥類，主食可餵食金剛鸚鵡水果及核果飼料，並適量提供副食如水果、蔬菜、生物鈣、礦物質如啄石或礦物砂與少許動物性蛋白質如蛋黃粉。 ●可另外提供市售鳥專用營養黏土塊供其啃咬。 ●要大量提供帶殼核果讓綠翅金剛鸚鵡啃食，以補充大型金剛鸚鵡所需的植物性油脂。
個性與習性	●個性熱情好動，需與主人有很多互動以及得到主人的注意。 ●有些金剛鸚鵡雖然會認主人，但也可能會跟有互動的家人及朋友建立良好的關係。
繁殖	●約六到八歲時，可使用洞口直徑22cm的巢箱繁殖。 ●母鳥每窩下約1～3顆蛋，孵化期約25～27天。 ●可添加繁殖維他命或是繁殖油，以及提供充足的鈣質、礦石及蛋黃粉，以確保最佳繁殖成果。
注意事項	●壽命可長達70～100年，飼養前必須考慮到這一點。 ●嘴喙大而有力，腳爪也很強壯，因此不適合兒童飼養。

雀科鳥類

軟嘴鳥類

吸蜜鸚鵡　東南亞

太陽鸚鵡　南美洲

金剛鸚鵡　南美洲

亞馬遜鸚鵡　南美洲

其他鸚鵡　南美洲

鸚鵡　非洲區

鸚鵡　亞洲區

鸚鵡　澳洲區

南美洲的亞馬遜鸚鵡

原產自南美洲的亞馬遜鸚鵡為大型短尾鸚鵡，種類眾多，最常被當成寵物飼養的品種的就是黃帽亞馬遜、藍帽亞馬遜、白帽亞馬遜及紅帽亞馬遜。亞馬遜鸚鵡學語能力佳，具有高智商，個性活潑熱情不怕生，也是目前全世界飼養大型鸚鵡中最普遍的一群。在飼養上，亞馬遜鸚鵡最大的優點就是不挑食，因此不太會浪費飼料，但有如此多優點的亞馬遜鸚鵡卻較不容易配對與繁殖出下一代。

台灣常見的南美洲亞馬遜鸚鵡

黃帽亞馬遜鸚鵡　▶P73

藍帽亞馬遜鸚鵡　▶P74

紅帽亞馬遜鸚鵡　▶P75

白帽亞馬遜鸚鵡　▶P76

黃帽亞馬遜鸚鵡

英文	Yellow fronted amazon parrot
原產地	南美洲
身長	31cm；屬大型短尾鸚鵡
平均壽命	40年

外型	●黃帽亞馬遜鸚鵡有著黑色的嘴喙，從嘴喙上方延伸至頭頂、喉嚨處有著成片的黃羽，全身羽色主要為綠色，翅膀下方覆羽邊緣處為紅色，腳部呈現灰黑色。 ●黑嘴的黃帽亞馬遜鸚鵡另有一種白嘴的亞種，為巴拿馬黃帽鸚鵡。
性別辨識	需進行專業鑑定，如做DNA或是內視鏡檢驗。
鳴叫／學語能力	聲音吵雜，學語能力強。
飼養環境	●需飼養在三呎（91cm×55cm×60cm）以上的堅固鳥籠，以利活動繁殖。 ●提供堅固的金屬製鳥籠以防鳥啃咬破壞，裡面布置許多玩具棲木供其啃咬玩耍，消耗精力、排遣時間。 ●需提供粗細不一的棲木，避免因長期抓握同一種尺寸的棲木，導致腳部病變。
餵食	主要為食穀鳥類，主食可餵食用中大型特級營養飼料，並適量提供副食如水果、蔬菜、生物鈣、礦物質如啄石或礦物砂與少許動物性蛋白質如蛋黃粉。
個性與習性	●個性活潑熱情愛玩耍，會認單一主人。 ●因天然習性的關係，清晨或傍晚時會鳴叫。
繁殖	●約四歲以上可使用洞口直徑11.5cm的巢箱繁殖。 ●母鳥每窩下約2~5顆蛋，孵化期約26天。 ●可添加繁殖維他命或是繁殖油，以及提供充足的鈣質、礦時及蛋黃粉，以確保最佳繁殖成果。
注意事項	飼養成對繁殖黃帽亞馬遜，公鳥在繁殖期時，較具攻擊性，甚至也會攻擊主人。因此，在繁殖期時，不要伸手靠近鳥籠。

藍帽亞馬遜鸚鵡

英文	Blue fronted amazon parrot
原產地	南美洲
身長	37cm；屬大型鳥
平均壽命	40年

外型	●藍帽亞馬遜鸚鵡有著黑色的嘴喙，前額為藍色，頭冠和面部為黃色，全身體羽幾乎為綠色，在翅膀的覆羽邊緣處有小片的黃色羽毛，腳部為灰黑色。 ●另有黃翼亞種，個體比藍帽亞馬遜鸚鵡大一點。
性別辨識	需進行專業鑑定，如做DNA或是內視鏡檢驗。
鳴叫／ 學語能力	聲音吵雜，學語能力強。
飼養環境	●需飼養在三呎（91cm×55cm×60cm）以上的鳥籠，以利活動繁殖。 ●提供堅固的金屬製鳥籠以防鳥啃咬破壞，裡面布置許多玩具棲木供其啃咬玩耍，消耗精力、排遣時間。 ●需提供粗細不一的棲木，避免因長期抓握同一種尺寸的棲木，導致腳部病變。
餵食	主要為食穀鳥類，主食可餵食中大型特級營養飼料，並適量提供副食如水果、生物鈣、礦物質如啄石或礦物砂與少許動物性蛋白質如蛋黃粉。
個性與 習性	●個性活潑熱情愛玩耍，會認單一主人。 ●因天然習性的關係，清晨或傍晚時會鳴叫。 ●藍帽亞馬遜是最不挑食也不浪費的鳥種，可提供多樣化飼料及多種水果增加食物的多樣性。
繁殖	●約四歲以上達到成熟，可使用洞口直徑11.5cm的巢箱繁殖。 ●母鳥每窩下約3～5顆蛋，孵化期約26天後孵出雛鳥。
注意事項	●藍帽亞馬遜鸚鵡會認單一主人，當牠站在主人手上的時候，外人一靠近，會想要攻擊外人，在直覺反應下嘴喙亂咬，但往往都是咬到主人的手，但這並不是攻擊主人的行為。 ●進入成熟繁殖時，成對飼養的藍帽亞馬遜鸚鵡會攻擊靠進籠舍的飼主，但如果是單隻飼養、溫馴的藍帽亞馬遜鸚鵡，則會把主人當成配偶，表現出求偶的行為，如尾巴抬高蹲下交配的動作或是發出發情期的叫聲。

紅帽亞馬遜鸚鵡

英文	Red lored amazon parrot
原產地	南美洲
身長	34cm；屬大型鳥
平均壽命	40年

外型	紅帽亞馬遜鸚鵡的嘴喙為肉色帶黑色，額頭紅羽，面部黃色，全身羽色主要為綠色，腳部為灰黑色。 **變種** 黃化。
性別辨識	需進行專業鑑定，如做DNA或是內視鏡檢驗。
鳴叫／學語能力	聲音吵雜，說話能力強。
飼養環境	●需飼養在三呎（91cm×55cm×60cm）以上的堅固鳥籠以利活動繁殖。 ●提供堅固的金屬製鳥籠以防鳥啃咬破壞，裡面布置許多玩具棲木供其啃咬玩耍，消耗精力、排遣時間。 ●需提供粗細不一的棲木，避免因長期抓握同一種尺寸的棲木，導致腳部病變。
餵食	主要為食穀鳥類，主食可餵食中大型特級營養飼料，並適量提供副食如水果、生物鈣、礦物質如啄石或礦物砂與少許動物性蛋白質如蛋黃粉。
個性與習性	●個性活潑熱情愛玩耍，會認單一主人。 ●因天然習性的關係，清晨或傍晚時會鳴叫。
繁殖	●約四歲以上達到成熟，可使用洞口直徑11.5cm的巢箱繁殖。 ●母鳥每窩下約2～4顆蛋，孵化期約26天。 ●可添加繁殖維他命或是繁殖油，以及提供充足的鈣質、礦石及蛋黃粉，以確保最佳繁殖成果。
注意事項	●天性好奇的紅帽亞馬遜鸚鵡叫聲較為尖銳且吵雜，但只要學會說話就會讓他少發出尖銳吵雜的叫聲。 ●三歲以前的紅帽亞馬遜鸚鵡會比較吵雜，年紀愈大會愈安靜，個性也愈穩定。

白帽亞馬遜鸚鵡

英文	White fronted amazon parrot
原產地	南美洲
身長	26cm；屬大型短尾鳥
平均壽命	40年

外型	白帽亞馬遜鸚鵡的嘴喙為白色，額頭白羽，眼周為紅羽，全身羽色主要為綠色，腳部為灰黑色。
性別辨識	公鳥的小翼羽為紅色，母鳥為綠色。
鳴叫／學語能力	聲音吵雜，說話能力強。
飼養環境	●需飼養在三呎（91cm×55cm×60cm）以上的鳥籠以利活動繁殖。 ●提供堅固的鳥籠，裡面布置許多玩具棲木供其啃咬玩耍，消耗精力、排遣時間。 ●需提供粗細不一的棲木，避免因長期抓握同一種尺寸的棲木，導致腳部病變。
餵食	為食穀鳥類，主食可餵食中大型特級營養飼料，並適量提供副食如水果、生物鈣、礦物質如啄石或礦物砂與少許的動物性蛋白質如蛋黃粉。
個性與習性	●個性有點害羞，初到新環境時，可能會安靜地躲在籠子的一角，一旦熟悉環境後，對主人的態度就會轉變成活潑熱情，且愛玩耍。 ●因天然習性的關係，清晨或傍晚時會鳴叫。
繁殖	●約三歲以上可使用洞口直徑6cm的巢箱繁殖。 ●母鳥每窩下約3～4顆蛋，孵化期約26天。 ●可添加繁殖維他命或是繁殖油，以及提供充足的鈣質、礦石及蛋黃粉，以確保最佳繁殖成果。
注意事項	另有一種眼鏡亞馬遜鸚鵡，外形和白帽亞馬遜鸚鵡很類似。但眼鏡亞馬遜鸚鵡的額頭是黃色的，且眼框紅色部分較不明顯。

南美洲的其他鸚鵡

南美洲是鸚鵡的天堂，除了有亞馬遜鸚鵡、太陽鸚鵡外，另有一些小巧的鸚鵡種類如橫斑、太平洋，另有一類派歐尼斯鸚鵡（pionus），體型類似亞馬遜鸚鵡但較為嬌小，如白額鸚鵡及藍頭鸚鵡。此外，另有自成一類的鷹頭鸚鵡、凱克鸚鵡、和尚鸚鵡等。除派歐尼斯鸚鵡或鷹頭鸚鵡外，這些鸚鵡的特色就是體質強健容易照顧。如果飼養個性較為內向膽怯的派歐尼斯鸚鵡或鷹頭鸚鵡，互動時就必須要輕柔小心，日常的照料與繁殖期間，也需格外留心。

台灣常見的南美洲其他品種鸚鵡

橫斑鸚鵡 ▶P78

太平洋鸚鵡 ▶P79

和尚鸚鵡 ▶P80

黑頭凱克鸚鵡 ▶P81

白腹凱克鸚鵡 ▶P82

白額鸚鵡 ▶P83

藍頭鸚鵡 ▶P84

鷹頭鸚鵡 ▶P85

雀科鳥類
軟嘴鳥類
吸蜜鸚鵡　東南亞
太陽鸚鵡　南美洲
金剛鸚鵡　南美洲
亞馬遜鸚鵡　南美洲
其他鸚鵡　南美洲
鸚鵡　非洲區
鸚鵡　亞洲區
鸚鵡　澳洲區

橫斑鸚鵡

英文	Lineolated parakeet
原產地	南美洲
身長	16cm；屬小型鳥
平均壽命	10年

外型	橫斑鸚鵡有著象牙色的嘴喙，全身羽色主要為綠色，翅膀及身上有黑色斑紋，腳部為象牙色。 **變種** 有黃化、乳白、藍色、灰色、金絲、銀絲等變種。
性別辨識	需進行專業鑑定，如做DNA或是內視鏡檢驗。
鳴叫／學語能力	聲音不吵雜，小型鸚鵡當中說話能力數一數二。
飼養環境	●需飼養在兩呎（60cm×41cm×39cm）以上的空間，以利活動繁殖。 ●可以群養繁殖的小型鸚鵡，飼養時需要給予大型鳥籠（6呎×6呎×6呎）及足夠量的飼料。 ●橫斑鸚鵡破壞力不大，也非常適合飼養在有植栽的戶外鳥舍。
餵食	主要為食穀鳥類，主食可餵食小型鸚鵡特級營養飼料，並適量提供副食如水果、生物鈣、礦物質如啄石或礦物砂與少許動物性蛋白質如蛋黃粉。
個性與習性	●在小型的鸚鵡當中具有不錯的說話能力。 ●個性溫馴更是所有小型鸚鵡之冠。 ●可以成群繁殖與飼養。 ●橫斑鸚鵡較不喜歡飛翔，喜歡用攀爬或是跑的方式移動。
繁殖	●約一歲時就可以在鳥籠裡放置洞口直徑5cm的巢箱繁殖。 ●母鳥每窩下約4～5顆蛋，孵化期約21天。 ●可添加繁殖維他命或是繁殖油，以及提供充足的鈣質、礦石及蛋黃粉，以確保最佳繁殖成果。
注意事項	橫斑鸚鵡的腳爪增長速度很快，需要定期修剪或是給予磨爪棲木磨爪，以免腳部卡住鳥籠。

太平洋鸚鵡

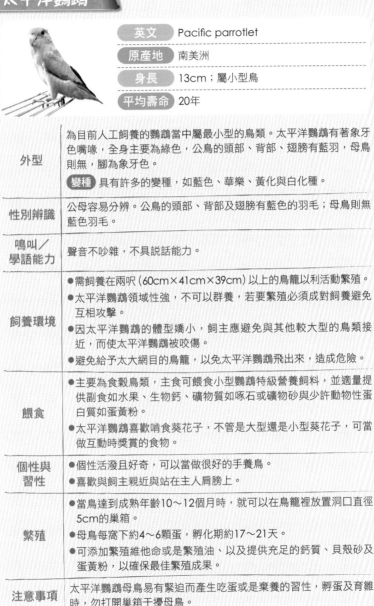

英文	Pacific parrotlet
原產地	南美洲
身長	13cm；屬小型鳥
平均壽命	20年

外型	為目前人工飼養的鸚鵡當中屬最小型的鳥類。太平洋鸚鵡有著象牙色嘴喙，全身主要為綠色，公鳥的頭部、背部、翅膀有藍羽，母鳥則無，腳為象牙色。 **變種** 具有許多的變種，如藍色、華樂、黃化與白化種。
性別辨識	公母容易分辨。公鳥的頭部、背部及翅膀有藍色的羽毛；母鳥則無藍色羽毛。
鳴叫／學語能力	聲音不吵雜，不具說話能力。
飼養環境	●需飼養在兩呎（60cm×41cm×39cm）以上的鳥籠以利活動繁殖。 ●太平洋鸚鵡領域性強，不可以群養，若要繁殖必須成對飼養避免互相攻擊。 ●因太平洋鸚鵡的體型嬌小，飼主應避免與其他較大型的鳥類接近，而使太平洋鸚鵡被咬傷。 ●避免給予太大網目的鳥籠，以免太平洋鸚鵡飛出來，造成危險。
餵食	●主要為穀食鳥類，主食可餵食小型鸚鵡特級營養飼料，並適量提供副食如水果、生物鈣、礦物質如啄石或礦物砂與少許動物性蛋白質如蛋黃粉。 ●太平洋鸚鵡喜歡啃食葵花子，不管是大型還是小型葵花子，可當做互動時獎賞的食物。
個性與習性	●個性活潑且好奇，可以當做很好的手養鳥。 ●喜歡與飼主親近與站在主人肩膀上。
繁殖	●當鳥達到成熟年齡10～12個月時，就可以在鳥籠裡放置洞口直徑5cm的巢箱。 ●母鳥每窩下約4～6顆蛋，孵化期約17～21天。 ●可添加繁殖維他命或是繁殖油、以及提供充足的鈣質、貝殼砂及蛋黃粉，以確保最佳繁殖成果。
注意事項	太平洋鸚鵡母鳥易有緊迫而產生吃蛋或是棄養的習性，孵蛋及育雛時，勿打開巢箱干擾母鳥。

雀科鳥類

軟嘴鳥類

東南亞 吸蜜鸚鵡

南美洲 太陽鸚鵡

南美洲 金剛鸚鵡

南美洲 亞馬遜鸚鵡

南美洲 其他鸚鵡

非洲區 鸚鵡

亞洲區 鸚鵡

澳洲區 鸚鵡

79

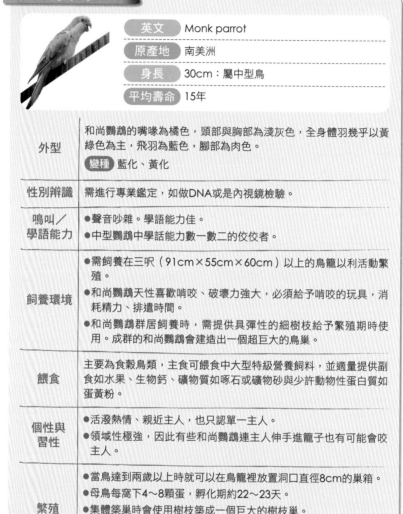

和尚鸚鵡

英文	Monk parrot
原產地	南美洲
身長	30cm：屬中型鳥
平均壽命	15年

外型	和尚鸚鵡的嘴喙為橘色，頭部與胸部為淺灰色，全身體羽幾乎以黃綠色為主，飛羽為藍色，腳部為肉色。 **變種** 藍化、黃化
性別辨識	需進行專業鑑定，如做DNA或是內視鏡檢驗。
鳴叫／學語能力	●聲音吵雜。學語能力佳。 ●中型鸚鵡中學話能力數一數二的佼佼者。
飼養環境	●需飼養在三呎（91cm×55cm×60cm）以上的鳥籠以利活動繁殖。 ●和尚鸚鵡天性喜歡啃咬、破壞力強大，必須給予啃咬的玩具，消耗精力、排遣時間。 ●和尚鸚鵡群居飼養時，需提供具彈性的細樹枝給予繁殖期時使用。成群的和尚鸚鵡會建造出一個超巨大的鳥巢。
餵食	主要為食穀鳥類，主食可餵食中大型特級營養飼料，並適量提供副食如水果、生物鈣、礦物質如啄石或礦物砂與少許動物性蛋白質如蛋黃粉。
個性與習性	●活潑熱情、親近主人，也只認單一主人。 ●領域性極強，因此有些和尚鸚鵡連主人伸手進籠子也有可能會咬主人。
繁殖	●當鳥達到兩歲以上時就可以在鳥籠裡放置洞口直徑8cm的巢箱。 ●母鳥每窩下4～8顆蛋，孵化期約22～23天。 ●集體築巢時會使用樹枝築成一個巨大的樹枝巢。 ●可添加繁殖維他命或是繁殖油，以及提供充足的鈣質、礦石及蛋黃粉，以確保最佳繁殖成果。
注意事項	和尚鸚鵡智商很高，會自己開籠門，甚至把飼料盆推出來，或從開口飛出來。如果養在室外，就必須將籠門及飼料盆緊扣，以免鳥兒飛走。和尚鸚鵡是自己開籠門飛走頻率最高的鳥種。

黑頭凱克鸚鵡

英文	Black headed caique
原產地	南美洲
身長	23cm；屬中型鳥
平均壽命	30年

外型	黑頭凱克鸚鵡的頭部為黑色、面部黃色，有著黑色的嘴喙，綠色翅膀，胸腹部為白色的，腿部為黃色的，腳部為黑色。
性別辨識	需進行專業鑑定，如做DNA或是內視鏡檢驗。
鳴叫／學語能力	聲音吵雜，具說話能力。
飼養環境	●需飼養在三呎（91cm×55cm×60cm）以上的鳥籠以利活動繁殖。 ●黑頭凱克鸚鵡的精力旺盛，需要給予啃咬玩具，以及大的飛行場所供其消耗精力、排遣時間。 ●黑頭凱克鸚鵡非常喜歡洗澡，需要提供澡盆給他們。
餵食	為食穀鳥類，主食可餵食中大型特級營養飼料，並適量提供副食如水果、生物鈣、礦物質如啄石或礦物砂與少許動物性蛋白質如蛋黃粉。
個性與習性	●活潑熱情又相當淘氣。 ●天性活躍很愛玩，整天不是玩玩具，就是與同伴打鬧追逐。
繁殖	●當鳥達到成熟年齡約三歲大時，就可以在鳥籠裡放置使用洞口直徑6cm的巢箱做為繁殖用。 ●母鳥每窩下約2～4顆蛋，孵化期約27天。 ●可添加繁殖維他命或是繁殖油以及提供充足的鈣質、礦石及蛋黃粉，以確保最佳繁殖成果。 ●繁殖時必須提供相當充足的水果以提高繁殖率。
注意事項	黑頭凱克鸚鵡與同伴玩耍時有時會過於粗魯，偶爾會造成受傷情況，平常要多加注意。

雀科鳥類

軟嘴鳥類

吸蜜鸚鵡 東南亞

太陽鸚鵡 南美洲

金剛鸚鵡 南美洲

亞馬遜鸚鵡 南美洲

其他鸚鵡 南美洲

鸚鵡 非洲區

鸚鵡 亞洲區

鸚鵡 澳洲區

白腹凱克鸚鵡

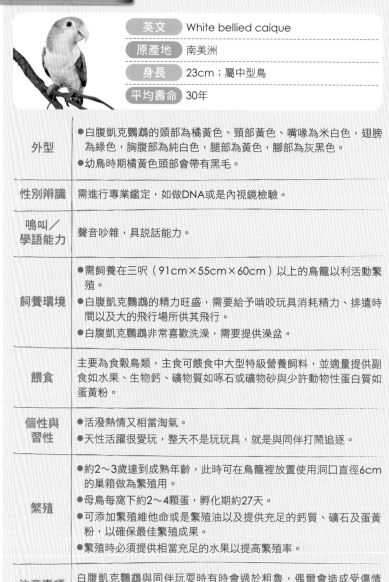

英文	White bellied caique
原產地	南美洲
身長	23cm；屬中型鳥
平均壽命	30年

外型	●白腹凱克鸚鵡的頭部為橘黃色、頸部黃色、嘴喙為米白色，翅膀為綠色，胸腹部為純白色，腿部為黃色，腳部為灰黑色。 ●幼鳥時期橘黃色頭部會帶有黑毛。
性別辨識	需進行專業鑑定，如做DNA或是內視鏡檢驗。
鳴叫／學語能力	聲音吵雜，具說話能力。
飼養環境	●需飼養在三呎（91cm×55cm×60cm）以上的鳥籠以利活動繁殖。 ●白腹凱克鸚鵡的精力旺盛，需要給予啃咬玩具消耗精力、排遣時間以及大的飛行場所供其飛行。 ●白腹凱克鸚鵡非常喜歡洗澡，需要提供澡盆。
餵食	主要為食穀鳥類，主食可餵食中大型特級營養飼料，並適量提供副食如水果、生物鈣、礦物質如啄石或礦物砂與少許動物性蛋白質如蛋黃粉。
個性與習性	●活潑熱情又相當淘氣。 ●天性活躍很愛玩，整天不是玩玩具，就是與同伴打鬧追逐。
繁殖	●約2～3歲達到成熟年齡，此時可在鳥籠裡放置使用洞口直徑6cm的巢箱做為繁殖用。 ●母鳥每窩下約2～4顆蛋，孵化期約27天。 ●可添加繁殖維他命或是繁殖油以及提供充足的鈣質、礦石及蛋黃粉，以確保最佳繁殖成果。 ●繁殖時必須提供相當充足的水果以提高繁殖率。
注意事項	白腹凱克鸚鵡與同伴玩耍時有時會過於粗魯，偶爾會造成受傷情況。平常要多加注意。

白額鸚鵡

英文	White capped pionus
原產地	南美洲
身長	24cm；屬中型鳥
平均壽命	25年

外型	白額鸚鵡的嘴喙為鵝黃色，額頭部分為白色，面部為藍綠色，全身多為橄欖綠色，胸部有藍色羽毛，喉部白色帶著淡粉色。尾羽下方為紅色，腳部為象牙色。
性別辨識	需進行專業鑑定，如做DNA或是內視鏡檢驗。
鳴叫／學語能力	聲音雖吵雜，但鳴叫頻率較低，學語能力中等。
飼養環境	●需飼養在三呎（91cm×55cm×60cm）以上的鳥籠以利活動繁殖。 ●提供堅固的金屬製鳥籠以防鳥啃咬破壞，鳥籠裡面布置許多玩具棲木供其啃咬玩耍消耗精力、排遣時間。 ●鳥籠或鳥舍周圍提供一些植栽使其具有隱密性，讓生性害羞的白額鸚鵡有安全感。
餵食	主要為食穀鳥類，主食可餵食中大型特級營養飼料，並適量提供副食如水果、生物鈣、礦物質如啄石或礦物砂與少許動物性蛋白質如蛋黃粉。
個性與習性	●個性溫和害羞，較不好動，乖巧安靜親近主人。 ●見到陽光時會很興奮地鳴叫。
繁殖	●在2～3歲時達到成熟年齡，此時可在鳥籠裡放置洞口直徑10cm的巢箱做為繁殖用。 ●母鳥每窩下約4～5顆蛋，孵化期約25天。 ●可添加繁殖維他命或是繁殖油、以及提供充足的鈣質、礦石及蛋黃粉，以確保最佳繁殖成果。
注意事項	白額鸚鵡個性較為膽怯，與牠互動時動作要輕柔，以免鳥兒過於驚嚇。

雀科鳥類

軟嘴鳥類

吸蜜鸚鵡　東南亞

太陽鸚鵡　南美洲

金剛鸚鵡　南美洲

亞馬遜鸚鵡　南美洲

其他鸚鵡　南美洲

鸚鵡　非洲區

鸚鵡　亞洲區

鸚鵡　澳洲區

藍頭鸚鵡

英文	Blue heaaded parrot
原產地	南美洲
身長	27cm；屬大型鳥
平均壽命	25年

外型	●藍頭鸚鵡的頭頸部為藍色的，嘴喙為黑色，身體、翅膀部分為綠色，腳部為灰白色。 ●藍頭鸚鵡的幼鳥頭是綠色的，要花上兩年左右的時間才會像成鳥一樣，頭頸部都是美麗的藍色。
性別辨識	需進行專業鑑定，如做DNA或是內視鏡檢驗。
鳴叫／學語能力	聲音吵雜，學語能力中等。
飼養環境	●需飼養在三呎（91cm×55cm×60cm）以上的鳥籠以利活動繁殖。 ●提供堅固的金屬製鳥籠以防鳥啃咬破壞，裡面布置許多玩具棲木供其啃咬玩耍，消耗精力、排遣時間。 ●鳥籠或鳥舍周圍提供一些植栽，使其具有隱密性，讓生性害羞的藍頭鸚鵡有安全感。
餵食	主要為食穀鳥類，主食可餵食中大型特級營養飼料，並適量提供副食如水果、生物鈣、礦物質如啄石或礦物砂與少許動物性蛋白質如蛋黃粉。
個性與習性	●甜美可愛，溫和親近人，但生性內向害羞。 ●見到陽光時會很興奮地鳴叫。
繁殖	●當鳥達到成熟年齡約2～3歲時，即可在鳥籠裡放置洞口直徑10cm的巢箱做為繁殖用。 ●母鳥每窩下約2～4顆蛋，孵化期約26天。 ●可添加繁殖維他命或是繁殖油以及提供充足的鈣質、礦石及蛋黃粉，以確保最佳繁殖成果。
注意事項	藍頭鸚鵡天生具有不錯的學語能力，只要學會說話，吵雜的次數就會減少許多。

鷹頭鸚鵡

英文	Hawk headed parrot
原產地	南美洲
身長	35cm；屬大型短尾鸚鵡
平均壽命	35年

外型	鷹頭鸚鵡的嘴喙黑色，額頭為白色，頭冠紅色有藍色的邊緣，胸腹部呈現紅藍鱗片狀，翅膀為綠色。
性別辨識	需進行專業鑑定，如做DNA或是內視鏡檢驗。
鳴叫／學語能力	聲音吵雜，具說話能力。
飼養環境	●需飼養在3呎×4呎×5呎以上的空間以利活動繁殖。 ●提供堅固的金屬製鳥籠以防啃咬破壞，裡面布置許多玩具棲木供其啃咬玩耍，消耗精力、排遣時間。 ●繁殖期的環境要相當有隱密安全感，且不能有其他鳥類在其籠舍附近。
餵食	主要為食穀鳥類，主食可餵食中大型特級營養飼料，並適量提供副食如水果、生物鈣、礦物質如啄石或礦物砂與少許動物性蛋白質如蛋黃粉。
個性與習性	●個性溫和、膽子較小、喜歡與主人在一起。 ●緊張或興奮時，頭冠會整個舉起。
繁殖	●四歲時達到成熟年齡，可使用洞口直徑10cm的巢箱繁殖。 ●母鳥每窩下約2～4顆蛋，孵化期約26～28天。 ●可添加繁殖維他命或是繁殖油以及提供充足的鈣質、礦石及蛋黃粉，以確保最佳繁殖成果。
注意事項	鷹頭鸚鵡個性相當膽小，且生性特別敏感。如果稍微受到一點刺激，例如失去伴侶，就很容易自殘咬毛，甚至咬掉自己的腳，是公認最容易自殘，且自殘程度誇張的鳥種。

雀科鳥類

軟嘴鳥類

吸蜜鸚鵡 東南亞

太陽鸚鵡 南美洲

金剛鸚鵡 南美洲

亞馬遜鸚鵡 南美洲

其他鸚鵡 南美洲

鸚鵡 非洲區

鸚鵡 亞洲區

鸚鵡 澳洲區

非洲區的鸚鵡

非洲的鸚鵡種類相較於南美洲較少。非洲的鸚鵡可分成三類，一類是學語能力最著名的非洲灰鸚鵡，雖然為大型鳥，但只要學會說話，並不吵雜。一類是牡丹跟愛情鳥（小鸚），是短尾的小型鸚鵡，另一類是較安靜可愛的中型鸚鵡如賽內加爾鸚鵡。飼養這些鸚鵡要注意牠們會有挑食的狀況，只要從幼鳥斷奶學吃時，多加注意並訓練，就不會發生挑食的狀況。

台灣常見的非洲區鸚鵡

愛情鳥　▶P87

賽內加爾鸚鵡　▶P88

非洲灰鸚鵡　▶P89

愛情鳥

英文	Peach faced lovebird
原產地	非洲
身長	15cm；屬小型鳥
平均壽命	10年

外型	原生種的愛情鳥的全身羽色為綠色，額頭橘紅色，面部淡橘色，嘴喙為象牙色。有許多變種。
性別辨識	需進行專業鑑定，如做DNA或是內視鏡檢驗。
鳴叫／學語能力	鳴叫稍微吵雜，無學語能力。
飼養環境	●需飼養在兩呎（60cm×41cm×39cm）以上的鳥籠以利活動繁殖。 ●屬於小型的鳥類中破壞力較大的鳥種，可給予較多的玩具與樹枝供其啃咬，消耗精力、排遣時間。 ●長大後要避免群居，以免打架受傷。
餵食	主要為食穀鳥類，主食可餵食小型鸚鵡專用特級營養飼料，並適量提供副食如水果、生物鈣、礦物質如啄石或礦物砂與少許動物性蛋白質如蛋黃粉。
個性與習性	●愛情鳥的個性溫馴，可以從小飼養當做寵物鳥，可教導說話，也很適合給初學者飼養。若沒有空陪伴，就必須幫牠找一個異性作伴。 ●配對後個性較兇悍，其他隻愛情鳥進入成對鳥的鳥籠會被咬死。
繁殖	●約一歲以上即達到成熟年齡，可使用洞口直徑5cm的巢箱繁殖。 ●母鳥每窩約下5顆蛋，孵化期約22天。 ●可添加繁殖維他命或是繁殖油以及提供充足的鈣質、礦石及蛋黃粉，以確保最佳繁殖成果。
注意事項	愛情鳥在繁殖時，除了巢箱裡面鋪上稻草巢，也可在籠裡提供一些小樹枝條、紙條。此時亦可觀察到愛情鳥將這些材料插在尾部帶入巢箱築巢的習性。

賽內加爾鸚鵡

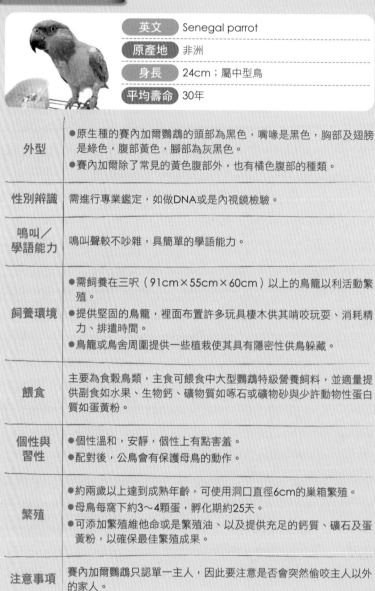

英文	Senegal parrot
原產地	非洲
身長	24cm；屬中型鳥
平均壽命	30年

外型	●原生種的賽內加爾鸚鵡的頭部為黑色，嘴喙是黑色，胸部及翅膀是綠色，腹部黃色，腳部為灰黑色。 ●賽內加爾除了常見的黃色腹部外，也有橘色腹部的種類。
性別辨識	需進行專業鑑定，如做DNA或是內視鏡檢驗。
鳴叫／學語能力	鳴叫聲較不吵雜，具簡單的學語能力。
飼養環境	●需飼養在三呎（91cm×55cm×60cm）以上的鳥籠以利活動繁殖。 ●提供堅固的鳥籠，裡面布置許多玩具棲木供其啃咬玩耍、消耗精力、排遣時間。 ●鳥籠或鳥舍周圍提供一些植栽使其具有隱密性供鳥躲藏。
餵食	主要為食穀鳥類，主食可餵食中大型鸚鵡特級營養飼料，並適量提供副食如水果、生物鈣、礦物質如啄石或礦物砂與少許動物性蛋白質如蛋黃粉。
個性與習性	●個性溫和，安靜，個性上有點害羞。 ●配對後，公鳥會有保護母鳥的動作。
繁殖	●約兩歲以上達到成熟年齡，可使用洞口直徑6cm的巢箱繁殖。 ●母鳥每窩下約3～4顆蛋，孵化期約25天。 ●可添加繁殖維他命或是繁殖油、以及提供充足的鈣質、礦石及蛋黃粉，以確保最佳繁殖成果。
注意事項	賽內加爾鸚鵡只認單一主人，因此要注意是否會突然偷咬主人以外的家人。

雀科鳥類

軟嘴鳥類

吸蜜鸚鵡　東南亞

太陽鸚鵡　南美洲

金剛鸚鵡　南美洲

亞馬遜鸚鵡　南美洲

其他鸚鵡　南美洲

非洲鸚鵡區

亞洲區鸚鵡

澳洲區鸚鵡

非洲灰鸚鵡

英文	Africa grey parrot
原產地	非洲
身長	36cm；屬大型鳥
平均壽命	50年

外型	非洲灰鸚鵡有著黑色的嘴喙，全身體羽幾乎為灰色，唯有尾巴為鮮紅色，腳部為灰黑色。
性別辨識	需進行專業鑑定，如做DNA或是內視鏡檢驗。
鳴叫／學語能力	聲音吵雜，學語能力為所有鸚鵡當中最強，公、母鳥皆會學語。
飼養環境	●需飼養在三呎 (91cm×55cm×60cm) 以上的鳥籠以利活動繁殖。 ●提供堅固的金屬製鳥籠，裡面布置許多玩具棲木供其啃咬玩耍，消耗精力、排遣時間。 ●繁殖灰鸚時，可提供較暗及隱密的環境。
餵食	主要為食穀鳥類，主食可餵食非洲灰鸚鵡專用特級營養飼料，並適量提供副食如水果、生物鈣、礦物質如啄石或礦物砂與少許動物性蛋白質如蛋黃粉。
個性與習性	●熱情親近人，但只認單一主人。 ●外出時容易緊張膽怯。 ●不易親近外人，甚至外人靠近時會主動攻擊。 ●稍有心機，有時看到外人會把頭低下似乎要讓人觸摸，但要觸摸時就會突然咬人。
繁殖	●約三歲以上達到成熟年齡，可使用洞口直徑12cm的巢箱繁殖。 ●母鳥每窩下約2～4顆蛋，孵化期約29天。 ●可添加繁殖維他命或是繁殖油，提供充足的鈣質、礦石及蛋黃粉，以確保最佳繁殖成果。 ●非洲灰鸚鵡的繁殖期必須特別多加補充水溶性且易吸收的鈣質，以免因缺鈣而使得幼鳥骨骼發育不全，產生身體翅膀及腿部骨骼彎曲不健全。
注意事項	●灰鸚鵡容易有挑食只吃葵花子的現象，因此從幼鳥開始飼養時，只要在斷奶時即餵食滋養丸，並且讓灰鸚鵡只吃滋養丸到一歲後，再提供其他灰鸚專用飼料，灰鸚就不會有此挑嘴的情況。 ●如果飼養的灰鸚鵡會挑食而只讓灰鸚鵡吃葵花子，長久下來缺乏均衡的營養，使灰鸚鵡產生一些慢性病變，進而短命死亡。

亞洲區的鸚鵡

原產自亞洲區的鸚鵡，除了前面介紹過的東南亞吸蜜鸚鵡外，還有鳳頭鸚鵡類如雨傘鳳頭鸚鵡（雨傘巴旦）、大葵花鳳頭鸚鵡（大葵花鸚鵡）；其他種類的鸚鵡有環頸鸚鵡（月輪）、折衷鸚鵡。鳳頭鸚鵡類最鮮明的特徵就是有美麗的頭冠，不同種類的差異在於頭冠大小與顏色，如雨傘鳳頭鸚鵡和大葵花鳳頭鸚鵡均有純白羽色與造型特殊的冠羽，這類鸚鵡的叫聲大、啃咬力強，且均須花費心力、時間與其相處，飼養前需慎思。

折衷鸚鵡與環頸鸚鵡（月輪）在台灣的飼養情況很普遍。折衷鸚鵡是能夠以肉眼觀察分辨公母的鳥種，從小養大的折衷鸚鵡親近主人，在食物餵食上需多添加高纖維的蔬果，並準備較為乾燥的環境。環頸鸚鵡（月輪）外型美麗，很受人們喜愛，不過，天性愛啃咬，即便是從小養大，也容易有咬主人的惡習。

台灣常見的亞洲區鸚鵡

雨傘鳳頭鸚鵡 ▶P91

大葵花鳳頭鸚鵡 ▶P92

折衷鸚鵡 ▶P93

環頸鸚鵡 ▶P94

雨傘鳳頭鸚鵡（雨傘巴旦）

英文	Umbrella cockatoo
原產地	亞洲
身長	40～45cm；屬大型鳥
平均壽命	40年

外型	雨傘鳳頭鸚鵡擁有純白的羽色，有大而鮮明的頭冠，嘴喙是黑色的，有藍色的眼眶。
性別辨識	公成鳥的虹膜為棕黑色或是黑色，母鳥是紅色。
鳴叫／學語能力	聲音吵雜、鳴叫聲大，說話能力強。
飼養環境	●須提供3呎×4呎×5呎以上的空間以利飼養繁殖。 ●提供堅固的金屬製鳥籠，裡面布置許多玩具棲木供其啃咬玩耍，消耗精力、排遣時間。 ●嘴喙巨大愛啃咬，破壞力強，必須要先預防家裡的物品被破壞。
餵食	主要為食穀鳥類，主食可餵食中大型鸚鵡專用特級營養飼料，並適量提供副食如水果、生物鈣、礦物質如啄石或礦物砂，少許的動物性蛋白質如蛋黃粉。
個性與習性	●熱情活潑、愛黏主人，看不到主人時，常會大叫吸引注意。 ●喜歡晃動身體，因此會隨著音樂律動而左搖右擺，如跳舞一樣。
繁殖	●四歲以上可使用洞口直徑12cm的巢箱繁殖。 ●母鳥每窩約下2～3顆蛋，孵化期約28天。 ●可添加繁殖維他命或是繁殖油以及提供充足的鈣質、礦石及蛋黃粉，以確保最佳繁殖成果。
注意事項	●容易患有鸚鵡喙及羽毛感染症（PBFD）病毒性傳染性疾病，這種疾病主要會造成飛羽及其他部位羽毛掉落而無法長出。一旦檢驗出有此病，必須跟別的鳥隔離以免傳染。目前並無醫療方式，為一種慢性死亡的疾病。 ●叫聲很宏亮刺耳，要飼養前必須多加考慮。

雀科鳥類

軟嘴鳥類

吸蜜鸚鵡 東南亞

太陽鸚鵡 南美洲

金剛鸚鵡 南美洲

亞馬遜鸚鵡 南美洲

其他鸚鵡 南美洲

鸚鵡 非洲區

鸚鵡 亞洲區

鸚鵡 澳洲區

大葵花鳳頭鸚鵡（大葵花鸚鵡）

英文	Sulphur crested cockatoo
原產地	亞洲
身長	50cm；屬大型鳥
平均壽命	40年

外型	大葵花鸚鵡全身雪白羽色，頭冠為黃色、嘴喙為黑色。
性別辨識	公成鳥的眼睛虹膜為棕黑色或是黑色，母鳥是紅色。
鳴叫／學語能力	聲音吵雜，說話能力強。
飼養環境	●須提供3呎×4呎×5呎以上的空間以利飼養繁殖。 ●提供堅固的金屬製鳥籠，裡面布置許多玩具棲木供其啃咬玩耍，消耗精力、排遣時間。 ●嘴喙巨大，愛啃咬，破壞力強，必須要先預防家裡的物品被破壞。
餵食	主要為食穀鳥類，主食可餵食中大型鸚鵡專用特級營養飼料，並適量提供副食如水果、生物鈣、礦物質如啄石或礦物砂與少許動物性蛋白質如蛋黃粉。
個性與習性	●熱情活潑、愛黏主人，看不到主人時常會大叫吸引注意。 ●喜歡晃動身體，因此會隨音樂律動而左搖右擺如跳舞一樣。
繁殖	●約四歲時可使用洞口直徑10cm的巢箱或原木巢箱繁殖。 ●母鳥每窩約下2～5顆蛋，孵化期約29天。 ●可添加繁殖維他命或是繁殖油以及提供充足的鈣質、礦石及蛋黃粉，以確保最佳繁殖成果。
注意事項	●容易患有鸚鵡喙及羽毛感染症（PBFD）這種病毒性傳染性疾病，會造成飛羽及其他部位羽毛掉落無法長出。一旦檢驗出有此病，必須跟別的鳥隔離以免傳染。目前並無醫療方式，為一種慢性死亡的疾病。 ●叫聲很宏亮刺耳，要飼養前必須多加考慮。

雀科鳥類

軟嘴鳥類

吸蜜鸚鵡　東南亞

太陽鸚鵡　南美洲

金剛鸚鵡　南美洲

亞馬遜鸚鵡　南美洲

其他鸚鵡　南美洲

鸚鵡　非洲區

鸚鵡　亞洲區

鸚鵡　澳洲區

折衷鸚鵡

英文	Eclectus parrot
原產地	亞洲
身長	33～40cm；屬大型鳥
平均壽命	30年

外型	折衷鸚鵡兩性的外型差異甚大，公鳥全身體羽幾乎為綠色，嘴喙為橘黃色，身體兩側和翼下均為紅色；母鳥全身體羽幾乎為紅色，在頸部和腹部為藍色，嘴喙為黑色。
性別辨識	公鳥為綠色，母鳥為紅色。
鳴叫／學語能力	聲音吵雜，說話能力強。
飼養環境	●須提供3呎×4呎×5呎以上的空間以利飼養繁殖。 ●提供堅固的鳥籠，裡面布置許多玩具棲木供其啃咬玩耍，消耗精力、排遣時間。 ●飼養環境要相當通風及乾燥，以免滋生病菌，而使得折衷鸚鵡染上呼吸道疾病。
餵食	主要為食穀鳥類，主食可餵食中大型鸚鵡專用特級營養飼料，並適量提供副食如蔬菜、水果、生物鈣、礦物質如啄石或礦物砂，少許的動物性蛋白質如蛋黃粉。
個性與習性	●個性熱情，黏主人，公鳥生性較母鳥溫和。 ●折衷鸚鵡為母系群體，因此可以少母多公的比例飼養群居。
繁殖	●約三歲以上可使用洞口直徑10cm的巢箱繁殖。 ●母鳥每窩約下2顆蛋，孵化期約28天。 ●可添加繁殖維他命或是繁殖油以及提供充足的鈣質、蛋黃粉，以確保最佳繁殖成果。
注意事項	●折衷鸚鵡的消化道很長，因此需要大量的纖維幫助消化，因此除了主食外，必須多替他們補充大量的蔬果。 ●造成折衷鸚鵡的死亡常見主因為肺部發霉，因此要特別保持飼養環境的乾燥。

環頸鸚鵡（月輪鸚鵡）

英文	Ring necked parakeet
原產地	亞洲
身長	42cm；屬中型鳥
平均壽命	15年

外型	原生種環頸鸚鵡羽色以綠色為主，嘴喙為紅色，成熟公鳥在頸部有應圈黑色條紋，有著長長的尾羽，腿部為灰白色。 **變種** 有藍色、黃色、白色、乳白色等品種。
性別辨識	成熟公鳥在頸部有一圈黑色條紋，母鳥沒有。
鳴叫／ 學語能力	聲音吵雜，學語能力普通。
飼養環境	●環頸鸚鵡的尾羽很長，須飼養在三呎（91cm×55cm×60cm）以上的鳥籠以利活動繁殖，也可避免鸚鵡的長尾因籠內空間太小而折到。 ●提供堅固的金屬製鳥籠，裡面布置許多玩具棲木供其啃咬玩耍，消耗精力、排遣時間。 ●繁殖時可成群飼養於大鳥舍中，成功率會提高。
餵食	主要為食穀鳥類，主食可餵食中大型鸚鵡專用特級營養飼料，並適量提供副食如水果、生物鈣、礦物質如啄石或礦物砂，少許的動物性蛋白質，如蛋黃粉。
個性與 習性	●親近主人，但大都喜歡用嘴咬主人的手，必須多加訓練以破除壞習慣。 ●環頸鸚鵡為母系社會，會有一母配多公的習性。
繁殖	●約兩歲以上可使用洞口直徑8cm的巢箱繁殖。 ●母鳥每窩下約3～4顆蛋，孵化期約22～24天。 ●可添加繁殖維他命或是繁殖油以及提供充足的鈣質、礦石及蛋黃粉，以確保最佳繁殖成果。
注意事項	通常公鳥需要兩年長出脖子的頸圈條紋，因此不是沒有頸圈的就是母鳥，也有可能只是亞成公鳥而已。購買成對鳥時需留意。

澳洲區的鸚鵡

原產自澳洲的鸚鵡大致可分成三大類：吸蜜鸚鵡、澳洲長尾鸚鵡、以及巴旦鸚鵡。澳洲獨有的長尾鸚鵡種類有：屬於中型長尾鸚鵡的雞尾鸚鵡（玄鳳鸚鵡）、東玫瑰鸚鵡（七草）、公主鸚鵡，以及屬於小型長尾鸚鵡的虎皮鸚鵡（阿蘇兒）、伯克氏鸚鵡（秋草）等，這類鳥種通常鳴叫聲好聽，又較不吵鬧，飼養時只要多注意防風，並常提供營養充足的飼料，定期驅蟲即可。另一類鳳頭鸚鵡類代表有粉紅鳳頭鸚鵡（粉紅巴旦），為澳洲當地常見的鸚鵡，飼養時需提供營養均衡的飼料以免過胖。

台灣常見的澳洲區鸚鵡

雞尾鸚鵡 ▶P96	東玫瑰鸚鵡 ▶P97	公主鸚鵡 ▶P98
超級鸚鵡 ▶P99	虎皮鸚鵡 ▶P100	伯克氏鸚鵡 ▶P101
紅腰鸚鵡 ▶P102	粉紅鳳頭鸚鵡 ▶P103	

雀科鳥類

軟嘴鳥類

吸蜜鸚鵡　東南亞

大陽鸚鵡　南美洲

金剛鸚鵡　南美洲

亞馬遜鸚鵡　南美洲

其他鸚鵡　南美洲

鸚鵡　非洲區

鸚鵡　亞洲區

鸚鵡　澳洲區

雞尾鸚鵡（玄鳳鸚鵡）

英文	Cockatiel
原產地	澳洲
身長	32cm；屬中型鳥
平均壽命	18年

外型	原生種的雞尾鸚鵡的體羽主要為灰黑色，頭上有冠羽，面部黃色，臉頰有紅斑，並有長尾羽。 **變種** 有多種變種，常見的是黃化種，另有白面、派落、銀、白子、肉桂等多種變種及組合。
性別辨識	原生種的雄鳥面部黃羽和紅斑比雌鳥明顯。雄鳥身體為深黑色，雌鳥為灰黑色。
鳴叫／學語能力	聲音不吵雜，可教導說話。
飼養環境	●雞尾鸚鵡的尾巴很長，又因不善於攀爬，可準備三呎（91cm×55cm×60cm）以上的鳥籠供鳥活動繁殖，以免攀爬時將長尾巴弄斷。 ●對於鞦韆的興趣大於其他玩具，可提供鞦韆讓雞尾鸚鵡玩樂。 ●天性和善，可跟虎皮鸚鵡群居和平相處。
餵食	主要為食穀鳥類，主食可餵食中大型長尾鸚鵡專用特級營養飼料，並適量提供副食如水果、生物鈣、礦物質如啄石或礦物砂，少許的動物性蛋白質如蛋黃粉。
個性與習性	●個性溫和、貼心，很黏主人，叫聲不吵雜也不太會咬人。 ●高興時或緊張時，頭上冠羽都會豎起。
繁殖	●約一歲以上可使用洞口直徑4.5cm的巢箱繁殖。 ●母鳥每窩約下4～5顆蛋，孵化期約18～19天。 ●如果母鳥不善飼育幼鳥，所飼育出的幼鳥都較瘦小甚至死亡，可在飼料上添加手餵幼鳥營養素，加速母鳥消化反芻的速度以順利養大幼鳥。
注意事項	●雞尾鸚鵡在黑暗的環境中，如果遭受到驚嚇很容易在籠裡拍翅膀並且亂撞，因此有時會在白天時發現鸚鵡的翅膀帶血跡，甚至會卡在籠子裡或折斷。因此，晚上可替他們點小夜燈，會減低他們因為受到刺激後，驚慌之下撞籠所帶來的傷害。 ●黃化種雞尾鸚鵡因受遺傳基因影響，當頭冠舉起時，頭部後方會有些許禿的部分。

東玫瑰鸚鵡（七草）

英文	Eastern rosella
原產地	澳洲
身長	30cm；屬中型鳥
平均壽命	20年

外型	東玫瑰鸚鵡的頭部與胸部為鮮紅色，有白色的臉頰與肉色的嘴喙，具有金黃色腹部與明亮的藍色翅膀，背部呈現金黃色與黑色斑紋，尾羽很長。 變種 黃化、紅寶石、肉桂。
性別辨識	母鳥背部的金黃色與黑色斑紋延伸至頭部上方。公鳥則為全鮮紅色。
鳴叫／學語能力	鳴叫聲悅耳好聽，會模仿口哨音調，無學語能力。
飼養環境	●東玫瑰鸚鵡的尾巴很長，又因不善於攀爬，需準備三呎（91cm×55cm×60cm）以上的空間，以免攀爬時將長尾巴弄斷，並讓鸚鵡有飛行的空間。 ●需要準備綠色植栽提供隱密的空間，以營造安全感。
餵食	主要為食穀鳥類，主食可餵食中大型鸚鵡專用特級營養飼料，並適量提供副食如水果、生物鈣、礦物質如啄石或礦物砂，少許的動物性蛋白質如蛋黃粉。
個性與習性	●個性溫和、乖巧，較為獨立自主，不會一直黏著主人。 ●天性喜愛鳴叫與自在的飛翔。
繁殖	●約兩歲時，可使用洞口直徑8cm的巢箱繁殖。 ●母鳥每窩約下5～7顆蛋，伏窩孵蛋約20～21天後孵出雛鳥。 ●可添加繁殖維他命或是繁殖油以及提供充足的鈣質、礦石及蛋黃粉，以確保最佳繁殖成果。 ●繁殖時若空間愈大，成功機率愈高。
注意事項	所有東玫瑰鸚鵡的幼鳥、亞成鳥與母鳥顏色是一樣的。購買成對鳥時需留意，以免買到兩隻公鳥。

雀科鳥類

軟嘴鳥類

吸蜜鸚鵡　東南亞

太陽鸚鵡　南美洲

金剛鸚鵡　南美洲

亞馬遜鸚鵡　南美洲

其他鸚鵡　南美洲

鸚鵡　非洲區

鸚鵡　亞洲區

鸚鵡　澳洲區

公主鸚鵡

英文	Princess parrot
原產地	澳洲
身長	40cm；屬中型鳥
平均壽命	20年

外型	公主鸚鵡有著紅色的嘴喙，頭頂為粉藍色、喉部連接至胸部為粉紅色，翅膀顏色由亮綠色漸深至暗綠色，有著長尾羽。 **變種** 藍色、黃化、白化。
性別辨識	公成鳥尾羽較長，且第九跟初級飛羽會特別長而凸出。母鳥則無此特徵。
鳴叫／學語能力	聲音宏亮，無學語能力。
飼養環境	●公主鸚鵡的尾巴很長，又因不善於攀爬，日常飼養非繁殖用可準備大且高的鳥籠，如三呎（91cm×55cm×60cm）以上，以免攀爬時將長尾巴弄斷，並讓鸚鵡有飛行的空間。 ●需要準備綠色植栽以提供他們隱密的空間。
餵食	主要為食穀鳥類，主食可餵食中大型鸚鵡專用特級營養飼料，並適量提供副食如水果、生物鈣、礦物質如啄石或礦物砂，少許的動物性蛋白質如蛋黃粉。
個性與習性	●個性溫和乖巧，較為獨立自主，不會一直黏著主人。 ●天性喜愛鳴叫與自在的飛翔。
繁殖	●約兩歲時可使用洞口直徑8cm的直立式巢箱繁殖。 ●母鳥每窩約下3～7顆蛋，孵化期約20天。 ●可添加繁殖維他命或是繁殖油以及提供充足的鈣質、礦石及蛋黃粉，以確保最佳繁殖成果。 ●繁殖公主鸚鵡失敗的主因在於，使用過小的籠子如三呎籠以及橫式的巢箱。籠舍愈大，公主鸚鵡的繁殖成功率才會愈高。而巢箱必須使用較深的直立式巢箱。
注意事項	天生喜歡在地上活動，若飼養在鳥舍裡，會因常接觸地面，有可能吃進地上的寄生蟲，因此必須定期替鳥驅蟲。

超級鸚鵡

英文	Superb parrot
原產地	澳洲
身長	32～36cm；屬中型鳥
平均壽命	20年

外型	超級鸚鵡的體羽以綠色為主，雄鳥頭部、面部鮮黃，喉部有鮮豔紅羽，雌鳥全身羽色以綠色為主，無雄鳥特徵羽色。
性別辨識	●可由雄鳥的黃色頭部與頸部紅羽來分辨雌雄。 ●雌鳥體重通常比雄鳥重，也可從外表看出來母鳥體型較大。
鳴叫／學語能力	聲音不吵雜，公鳥稍有學語能力。
飼養環境	●超級鸚鵡的尾巴很長，又因不善於攀爬，日常飼養非繁殖用可準備三呎（91cm×55cm×60cm）以上的空間，以免攀爬時將長尾巴弄斷，並讓鸚鵡有飛行的空間。 ●需要準備綠色植栽以提供隱密的空間，讓鳥兒有安全感。
餵食	主要為食穀鳥類，主食可餵食中大型鸚鵡專用特級營養飼料，並適量提供副食如水果、生物鈣、礦物質如啄石或礦物砂與少許動物性蛋白質如蛋黃粉。
個性與習性	●個性溫和、乖巧，較為獨立自主，不會一直黏著主人。 ●天性喜愛鳴叫與自在的飛翔。
繁殖	●約兩歲以上可使用洞口直徑8cm的直立式巢箱繁殖。 ●母鳥每窩下約4～6顆蛋，孵化期約20天。 ●可添加繁殖維他命或是繁殖油以及提供充足的鈣質、礦石及蛋黃粉，以確保最佳繁殖成果。 ●無法成功繁殖超級鸚鵡的主因在於，使用過小的籠子如三尺籠以及橫式的巢箱。籠舍愈大，超級鸚鵡的繁殖成功率才會愈高。而巢箱必須使用較深的直立式巢箱。
注意事項	超級鸚鵡的成鳥，因公母鳥外型的顏色明顯不同而極容易分辨，但跟東玫瑰鸚鵡一樣需要注意的是，亞成鳥的顏色公鳥的與色跟母鳥是相同的，全身皆為綠色。

雀科鳥類

軟嘴鳥類

吸蜜鸚鵡 東南亞

太陽鸚鵡 南美洲

金剛鸚鵡 南美洲

亞馬遜鸚鵡 南美洲

其他鸚鵡 南美洲

鸚鵡 非洲區

鸚鵡 亞洲區

鸚鵡 澳洲區

虎皮鸚鵡（阿蘇兒）

英文	Budgerigar
原產地	澳洲
身長	18cm；屬小型鳥
平均壽命	7年

外型	原生種的虎皮鸚鵡身體羽色主要為綠色，前額為黃色，嘴喙為肉色，頭後方及翅膀為帶有黑色斑紋，尾羽長。 **變種** 有許多變種，如白化種、黃化種、灰、藍、派落、華樂（follow）等。另有體型上的變種如英國種虎皮鸚鵡，台灣俗稱大頭阿蘇兒，體型是一般阿蘇兒的一倍半以上。
性別辨識	公母性別可由鼻子上的臘膜決定。例如，黑眼品種的虎皮鸚鵡公鳥的鼻上臘膜是藍色的，母鳥則是肉色的。
鳴叫／學語能力	聲音不吵雜，可教導說話。
飼養環境	●需飼養在一呎半（46cm×38cm×42cm）以上的鳥籠以利活動繁殖。 ●需要提供小型鸚鵡的玩具給予虎皮鸚鵡遊戲。 ●因個性溫合可以跟雞尾鸚鵡一起混養。 ●可常提供灑過水的蔬菜或是物品，讓虎皮鸚鵡在上面打滾洗澡。
餵食	主要為食穀鳥類，主食可餵食小型鸚鵡專用特級營養飼料，並適量提供副食如水果、生物鈣、礦物質如啄石或礦物砂，少許的動物性蛋白質如蛋黃粉。
個性與習性	個性好奇、活潑又溫馴，是全世界飼養數量最大也最受歡迎的寵物鳥。
繁殖	●約一歲時可開始繁殖，使用洞口直徑5cm的巢箱。 ●母鳥每窩約下4～7顆蛋，孵化期約18天。
注意事項	●虎皮鸚鵡較容易得體外寄生蟲所引起的疥癬，當發現虎皮鸚鵡的眼周、腳及嘴喙上有疥癬症狀如長出白色角質化突出物時，必須馬上送醫治療，並將病鳥隔離，將飼養環境消毒。 ●飼養虎皮鸚鵡時，必須補充碘質維持甲狀腺的功能健全，可添加礦物質供其食用。

伯克氏鸚鵡（秋草）

英文	Bourke's parrot
原產地	澳洲
身長	21cm；屬小型長尾鸚鵡
平均壽命	10年

外型	原生種伯克氏鸚鵡全身羽色以棕色為主，嘴喙黃棕色。腹部粉紅色，腰部藍色，長尾羽，腳為暗棕色。 **變種** 粉紅、華勒、黃蕾絲。
性別辨識	公成鳥前額為藍色，母鳥是白色。
鳴叫／學語能力	鳴聲優美，少有學語能力。
飼養環境	伯克氏鸚鵡的尾巴長，又因不善於攀爬，因此需飼養在兩呎籠（60cm×41cm×39cm）以上的空間以利活動繁殖，也可避免攀爬時將長尾巴弄斷，並讓鸚鵡有飛行的空間。
餵食	主要為食穀鳥類，主食可餵食小型鸚鵡專用特級營養飼料，並適量提供副食如水果、生物鈣、礦物質如啄石或礦物砂與少許動物性蛋白質如蛋黃粉。
個性與習性	●個性溫和、乖巧，較為獨立自主，不會一直黏著主人。 ●天性喜愛鳴叫和自在的飛翔。
繁殖	●約一歲以上可用洞口直徑5cm的巢箱。 ●母鳥每窩下約4～6顆蛋，孵化期約18天。 ●可添加繁殖維他命或是繁殖油以及提供充足的鈣質、礦石及蛋黃粉，以確保最佳繁殖成果。
注意事項	●天性喜歡在地上活動，飼養在鳥舍時，鳥因常接觸地面而有可能吃進地上的寄生蟲，因此必須定期替鳥做驅蟲。 ●一歲以下的伯克氏鸚鵡較為脆弱，第一年的冬天必須要多加注意。

雀科鳥類

軟嘴鳥類

吸蜜鸚鵡　東南亞

太陽鸚鵡　南美洲

金剛鸚鵡　南美洲

亞馬遜鸚鵡　南美洲

其他鸚鵡　南美洲

鸚鵡　非洲區

鸚鵡　亞洲區

鸚鵡　澳洲區

紅腰鸚鵡（美聲鸚鵡）

變種黃化紅腰鸚鵡

英文	Red-rumped parrot
原產地	澳洲
身長	27cm；屬小型鳥
平均壽命	15年

外型	原生種紅腰鸚鵡雄鳥全身為螢光綠色，腰部為紅色。母鳥全身為暗綠色。 **變種** 黃化、藍化。
性別辨識	美聲鸚鵡公母容易分辨，公鳥腰部有一大片紅斑。
鳴叫／學語能力	鳴聲甜美，無學語能力。
飼養環境	●紅腰鸚鵡的尾巴長，又因不善於攀爬，因此需飼養在兩呎籠（60cm×41cm×39cm）以上的空間以利活動繁殖，也可避免攀爬時將長尾巴弄斷，並讓鸚鵡有飛行的空間，另可提供綠色植栽以提供他們飛行與隱密的空間。 ●可跟虎皮鸚鵡、雞尾鸚鵡混養於大鳥籠裡。
餵食	主要為食穀鳥類，主食可餵食中大長尾型鸚鵡專用特級營養飼料，並適量添加副食如水果、生物鈣、礦物質如啄石或礦物砂，少許的動物性蛋白質如蛋黃粉。
個性與習性	●個性溫和、乖巧，但個性較為獨立，不會一直黏著主人。 ●天性喜愛鳴叫和自在的飛翔。
繁殖	●約一歲以上可使用洞口直徑5cm的巢箱繁殖。 ●母鳥每窩下約5～7顆蛋，孵化期約19天。 ●可添加繁殖維他命或是繁殖油以及提供充足的鈣質、礦石及蛋黃粉，以確保最佳繁殖成果。
注意事項	公鳥在繁殖期時，有時會攻擊母鳥，若攻擊的情形太嚴重，如羽毛持續被啄掉甚至受傷見血時，就需要分籠以避免母鳥受攻擊。

粉紅鳳頭鸚鵡（粉紅巴旦）

英文	Galah cockatoo
原產地	澳洲
身長	35cm；屬大型鳥
平均壽命	40年

外型	粉紅鳳頭鸚鵡有著灰白色的嘴喙，頭上有著鳳頭鸚鵡特有的冠羽，白色的冠羽又寬又短，面部、胸部、身體為粉紅色，背部、翅膀為淺灰色，腳部為淺灰色。
性別辨識	公成鳥的眼睛虹膜為棕黑色或是黑色，母鳥是紅色。
鳴叫／學語能力	聲音不吵雜，說話能力強。
飼養環境	●需飼養在120cm×80cm×120cm以上的空間以利活動繁殖。 ●提供堅固的鳥籠，並在內部布置許多玩具棲木供其啃咬玩耍。 ●喜愛啃咬，必須要先預防家裡的物品被破壞。
餵食	主要為食穀鳥類，主食可餵食中大型鸚鵡專用特級營養飼料，並適量提供副食如水果、生物鈣、礦物質如啄石或礦物砂，少許的動物性蛋白質如蛋黃粉。
個性與習性	●個性溫和可愛，反而像是雞尾鸚鵡。不像其他鳳頭類鸚鵡，過於黏人。 ●嘴喙較其它鳳頭鸚鵡小，是鳳頭鸚鵡中較安靜的種類。
繁殖	●約三歲以上可使用洞口直徑10cm的巢箱繁殖。 ●母鳥每窩約下3～5顆蛋，孵化期約23天。 ●可添加繁殖維他命或是繁殖油以及提供充足的鈣質、礦石及蛋黃粉，以確保最佳繁殖成果。
注意事項	粉紅鳳頭鸚鵡特別容易罹患脂肪過多症而長出脂肪瘤，因此需餵食營養均衡的鳳頭鸚鵡專用飼料，以免飼料中含有過多高熱量的葵花子，讓鳥兒食用後，長出脂肪瘤。

雀科鳥類

軟嘴鳥類

吸蜜鸚鵡　東南亞

太陽鸚鵡　南美洲

金剛鸚鵡　南美洲

亞馬遜鸚鵡　南美洲

其他鸚鵡　南美洲

鸚鵡　非洲區

鸚鵡　亞洲區

鸚鵡　澳洲區

第 一 次 養 鳥 就 上 手

第4篇

挑選第一隻鳥兒與布置環境

如果你很喜歡鳥兒獨特的魅力，也謹慎評估具有充分的能力以及足夠的耐心、愛心飼養一隻鳥做為同伴動物後，即可到風評好的販賣店來挑選一隻和你投緣的健康鳥兒。本篇會教你如何挑選健康的鳥兒、認識飼養鳥兒應具有的配備，以及如何和鳥兒建立起親密的情感。

本篇教你：

- ☑ 挑選專業的販賣店
- ☑ 選擇鳥兒以及判斷鳥兒的健康狀況
- ☑ 帶鳥回家以及安置鳥兒
- ☑ 布置鳥兒的家
- ☑ 和鳥兒建立感情

購買鳥兒可到寵物店、鳥店購買。從店面購買所提供的保障比路邊攤及夜市還要來得完善。你也可以多次造訪店面,仔細觀察並且詢問。一家好的鳥類專業販賣店可以提供鳥兒所需的產品、分享養鳥知識,並且有較完善的售後服務,讓你輕鬆養鳥又容易上手。

五要點檢視販賣店是否專業

想要挑選健康的鳥兒、營造鳥兒完善的居住環境,日後可否享有完善的售後服務,選購的店面很重要。從以下五個面向可以大致評估販賣店是否專業,能否提供你良好的服務。

❶ 鳥店環境要乾淨整潔

先觀察販賣店的環境,看看鳥籠是否有確實清潔,用品器具的擺設是否整齊乾淨。乾淨清爽的環境有助於鳥兒身體的健康,並可以預防傳染病的發生。

❷ 店裡販售的鳥用產品要齊全

看看販賣店裡所賣的周邊配備是否齊全,是否有多種的選擇,這一點有助於養鳥時,方便一次購齊所有養鳥所需的用品。如果店裡只有擺設一些傳統秤斤飼料及鳥籠器具,這表示這家店的老闆養鳥觀念落伍了。

專業店家

挑選鳥兒

判斷健康

帶鳥回家

營造環境

必備用品

布置鳥窩

遊樂場

建立感情

3 觀察店裡餵食鳥所吃的穀物飼料

除了飼養的環境要乾淨外，餵食的食物同樣影響了鳥的健康狀況。你可觀察老闆給鳥吃的飼料種類是否豐富，如果穀物種類不夠多只有兩種以下，這樣的餵食內容太貧乏不夠多樣，長期下來鳥類容易營養不良，連帶地這些鳥的身體狀況可能不會很好，同時也意謂著老闆也無法傳授你很豐富的養鳥知識。

4 是否提供鳥兒足夠的空間

通常販賣店因為種種因素，而無法提供真正足夠的空間給鳥兒。但如果多隻鳥兒擠在一起或是空間真的太過狹隘，有可能較弱勢的鳥兒容易吃不到飼料，或是鳥兒在常常相互碰撞推擠之下，彼此有些互啄爭吵的行為等造成鳥兒生理上及精神上的緊迫，會對鳥兒的健康造成不良影響。可以觀察看看鳥兒是否有足夠的空間可以跳躍移動，不會一直碰撞到別隻鳥兒。

5 老闆回答問題的態度

專業的販賣店老闆或員工，對於顧客所提出的疑惑會耐心地回覆，如果只是避重就輕地回覆疑問，態度也敷衍了事，表示老闆本身不太懂，也不注重對客人的售後服務。

Info* 透過網路購買鳥隻的風險

動物保護法明文規定，必須要有實體店面才能販賣活體動物。所以網路個人賣家販賣鳥兒原本就是違法的事情，購買鳥兒還是到信譽佳的實體店面才有保障，以免買到不健康的鳥兒，後續產生各種交易糾紛。

如何挑選鳥兒

首先必須先找出適合你飼養的鳥種，然後到專業的販賣店去挑選。如果沒有找到想要的種類，也先不要衝動購買其他鳥種，以免飼養到超出你能力之外的鳥種。當看到想飼養的鳥種，也不要當下急著買下來，先花點時間謹慎觀察鳥兒的健康狀態，並且詢問清楚所有飼養的細節後再帶回家。有些店家會事先做好鳥兒的性別檢測，你也可以事前詢問老闆，是否有性別證明。

挑選鳥兒step by step

Step 1　**確認鳥種**

首先要確認是否為喜歡的鳥種。新手可以從體型較小，或是入門容易的鳥種如文鳥、雞尾鸚鵡（玄鳳）、虎皮鸚鵡（阿蘇兒）等開始飼養。此處以愛情鳥為例。

Step 2　**檢視在群體中的活動力**

選鳥首重健康，活動力強的鳥健康狀況也佳，除了不易生病外，若要繁殖也較容易成功。要找出鳥籠裡活動力比較好的一隻成鳥或幼鳥，可挑選走動跳躍能力強，會邊移動邊鳴叫的成鳥，或是索食慾望強烈的幼鳥。

專業店家

挑選鳥兒

判斷健康

帶鳥回家

營造環境

必備用品

布置鳥窩

遊樂場

建立感情

Step 3 個別檢查有無異狀

選定鳥後,可請老闆將鳥抓出來,放到另一個籠子再次觀察有無異狀,例如鳥兒活動的樣子是否靈活,翅膀是否正常對稱,以及腳爪是否抓握自如。

Step 4 觀察選定鳥隻的排泄物

從鳥的排泄物可以初步觀察健康狀況。檢視要點為觀察鳥籠底下的排泄物,排泄物要成型不鬆散。健康的鳥兒排泄物的主體應該成條狀,並帶有一些白色的尿酸。

Step 5 檢視鳥會不會太怕人

太怕人的鳥會在籠子裡過度飛起跳躍,並不時撞籠子,或躲在籠子的角落。挑選一隻鎮定的鳥兒會比較好飼養。

Info* 如何辨別雄鳥、雌鳥?

只有少數鳥種可以用目視及觸摸法大略判斷性別,目視法適用於公母顏色不同的鳥種,如折衷鸚鵡。而觸摸法是由鳥兒的泄殖腔的骨頭形狀排列來做推測,但都不是很準確,大部分的鸚鵡必須利用羽毛或血液來做DNA檢測來辨別公母。較具侵入性的方式如內視鏡也能辨別公母。這兩種比較能準確定性別。目前台灣有專業的賽鴿醫院及生技公司提供這兩項服務。購買鳥兒時可詢問店家是否有提供公母證明卡,便能了解鳥兒的性別。

判斷鳥兒的健康狀況

鳥兒的健康狀況可從外表大略判斷，你可仔細觀察鳥的身體各部位，並用手觸摸檢查有無異狀，才不會買到一隻生病的鳥兒而權益受損。選鳥時，你也可以請比較懂鳥的友人隨行，多一個人幫你看看，也比較保險。風評較佳的店家，會提供較健康的鳥兒。

判斷鳥兒健康的六大方法

① 鳥的毛要緊貼身體不蓬鬆

健康的鳥兒平時就會將羽毛保持緊貼的狀態，相反地，若鳥羽毛蓬鬆就代表鳥生病了。因為鳥兒生病時會怕冷，需要把羽毛蓬鬆起來保暖，所以鳥兒的羽毛緊貼身體才是健康的狀態。

② 鳥兒的肛門附近要乾淨不沾糞

健康的鳥兒因排泄的是成型的糞便，因此，排泄時肛門附近不會沾糞便，若鳥兒的肛門沾糞，是因為鳥拉液狀糞容易沾到周圍的毛，這表示鳥的健康出狀況，所以可請老闆讓你看看鳥肛門周圍。

③ 鳥兒的眼睛要明亮

健康的鳥兒眼睛會炯炯有神，生病的鳥，因身體不太舒服，睡覺的時間會拉長，而眼睛會比較縮小無神張不開，甚至會有一直緊閉的現象。

專業店家

挑選鳥兒

判斷健康

帶鳥回家

營造環境

必備用品

布置鳥窩

遊樂場

建立感情

4 眼睛周圍必須乾爽不能留眼淚

健康的鳥兒眼睛明亮有神而眼周乾爽，而生病時，眼睛會有分泌物而沾濕眼睛四周，如果眼睛周圍的毛濕濕黏黏的代表鳥生病了。

5 鳥兒的站姿要挺立有元氣

從鳥的站姿是否很挺立，可以觀察出鳥兒是否健康有元氣，如果看起來頭低低的身體站不直，甚至一直蹲在籠子底就是代表鳥兒處於不舒服的狀態，可依此判斷鳥兒生病了。

6 鳥兒的活動力強

活動力高低是鳥兒健康的指標之一。除了睡覺時間外，鳥兒通常精力十足，活動能力強，喜歡跳躍及飛翔。缺乏精力成天睡覺的鳥兒就是生病了。

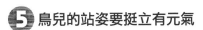

Info* 觸摸鳥兒身體檢查健康

想知道鳥兒是否健康還有一種觸摸法。摸摸鳥胸骨兩旁的肉，健康的鳥胸腹部兩側會有肌肉，已經生病的鳥會失去食慾，胸腹部的肉會減少。如果觸摸時發現鳥的胸腹部骨頭尖尖的突起，這表示這隻鳥病得很嚴重了。

如何帶新買的鳥兒回家

大部分的鳥兒比起貓狗還要脆弱，尤其是幼鳥。當你購買一隻鳥後要帶回家時，請記得一些運輸上的要點，以免運輸途中生病。由於運輸對鳥兒會形成緊迫感，所以運輸前後最好能提供一些紓解緊迫的營養品，並且用最讓鳥兒感到舒適的方式帶鳥兒回家。此外，幼鳥的運輸必須注重保溫，往往短時間的失溫可能就會讓幼鳥生病。

Info* 什麼是緊迫？

當鳥兒生活中外在環境條件改變時，例如換環境、換飼料或是運輸，會讓鳥兒感到不適應，失去安全感時，感到緊張，就會產生緊迫的現象。緊迫時最常見的就是鳥兒腸胃功能會暫時失調並且拉肚子，短暫的緊迫鳥兒很快會恢復，但長期的緊迫會使得鳥兒生病甚至死亡。另外一種緊迫就是鳥兒生理上的變化，換羽期對鳥兒來說，也會造成緊迫不安。

安全帶鳥兒回家的要訣

運輸途中會對鳥兒產生緊迫感，因此最好儘速帶鳥回家，在過程中需留心以下環節，才能安全地帶回鳥兒。

Skill 1 一個攜帶式紙盒只裝一隻鳥

店家會提供攜帶式紙盒讓你把鳥裝回家，紙盒至少要比鳥大1.5倍左右，一個紙盒只裝一隻鳥，這樣就不會發生鳥兒互相踐踏，造成鳥兒受傷的情況。

專業店家

挑選鳥兒

判斷健康

帶鳥回家

營造環境

必備用品

布置鳥窩

遊樂場

建立感情

Skill 2 紙盒上面要有多個通氣孔

店家所提供的裝鳥紙盒都已經具備通氣孔,若是鳥很大隻,用的是裝貨物的紙箱,記得請店家幫你在箱子的四周開通氣孔,每一面至少要有兩個以上的通氣孔,才不會使待在紙盒內的鳥沒有足夠的空氣可呼吸,而悶死在盒中。

Skill 3 攜帶幼鳥回家途中要持續保溫

幼鳥因為羽毛未豐,所以要留意保暖。尤其是天氣寒冷,帶幼鳥回家時,要持續保溫,不然會因失溫而容易感冒。因此運輸時,可以先準備暖暖包,貼在裝幼鳥的紙盒外面,替幼鳥保溫。運輸途中,需將幼鳥紙盒放在防風的塑膠袋或是手提袋中。

帶新鳥回家的流程

從原先的販售店帶鳥兒回家時,在運輸過程中難免會帶給鳥兒不舒服的感覺,而到達新環境時,也需給鳥適應的時間。以下教你妥善帶鳥回家的步驟,並且教你到家後,讓鳥盡快適應新環境的方法。

Step 1 準備好妥善的運輸方式

只要是運送,難免會帶來震動,而震動的感覺會讓鳥感到害怕驚嚇,因此最好選擇用汽車運送;如果短途而使用機車或腳踏車運輸時,行進間也要盡量減低震動,以避免鳥兒過度驚嚇緊迫。

Step 2　運送時，要將運輸紙盒放在不會過熱以及通風的地方

運送時，切勿把鳥兒放在行李箱或是機車下面的置物箱裡，以免鳥兒悶死。如果是開車，最好是放在汽車後座；如果是騎車，最好請友人同行，請友人代為拿好裝鳥的紙盒；如果只能自己騎機車運送，最好是把裝鳥的紙盒放在手提袋，置放在機車腳踏板上，騎車時，小心盡量不要震動以免讓鳥受到驚嚇。

Step 3　補充維他命、電解質舒緩緊迫

帶鳥回家後，在鳥兒的飲用水裡加入一些鳥兒專用維他命及電解質，幫助紓解運輸上的緊迫，分量依照說明書上使用即可。

Step 4　到家後先找個安靜的地方讓鳥適應

剛到家時把鳥放在家裡安靜的角落，並讓鳥兒先休息，先不要跟鳥接觸。如果帶幼鳥回家，就將幼鳥放在寵物飼養箱裡，並且一樣要依餵食的時間餵食；成鳥的話則先放好飼料跟水之後，隔天再跟鳥兒開始互動。

運輸鳥兒須注意的細節

Warning

如果是用紙盒裝鳥運送，請盡速回到家。在運送過程中，成鳥會用嘴喙把通氣孔愈咬愈大，如果讓鳥而有足夠的時間一直咬，就很有可能飛出來。也不要在大熱天時，把鳥放在密不通風的車上，以免熱衰竭而死亡。

鳥兒需要什麼樣的環境

專業店家
挑選鳥兒
判斷健康
帶鳥回家
營造環境
必備用品
布置鳥窩
遊樂場
建立感情

提供鳥兒安全舒適的環境時，要注意許多的小細節。你所提供的鳥籠至少要讓鳥兒可以伸展翅膀及小範圍的活動。擺放鳥籠的環境必須考慮到鳥兒是否會受到天候的傷害，以至於中暑、受寒。另外鳥兒好奇心重又喜歡嘗試新物品，在家裡到處飛行活動時，一定會咬咬看一些他有興趣的物品，因此為了鳥的安全，必須讓鳥兒避開危險物品及場所。

營造安全舒適環境的六項原則

① 鳥籠的擺設位置

擺放在明亮的室內是最理想的，靠近窗戶可以接受到一些陽光的位置對鳥兒健康有幫助。若室內昏暗，必須定期讓鳥放到陽台曬曬太陽。如果必須擺放在室外，要放在陽光無法直射的地方，並且可以遮風避雨是最基本的條件。

② 鳥兒的活動範圍要避開裝水的大容器

鳥兒活動的範圍不要有魚缸，廁所門也必須關好，以免鳥兒因為好奇而掉入魚缸、馬桶或是浴缸而溺死。

③ 門窗要關好

鳥兒善於飛行，很容易從打開的門窗飛到戶外，所以平常就要留意隨時關好鳥籠的門，放鳥兒出籠時，也要把家裡的紗窗紗門妥善關緊，以免鳥兒一溜煙飛走了。

④ 不要擺有毒及危險物品

很多鳥類都喜歡咬所有可以接近的物品,不要讓鳥兒誤食有毒植物,像是萬年青等盆栽,也要讓鳥兒遠離電線等通電物品。

⑤ 勿讓鳥進入廚房空間

鳥兒具有濃厚的好奇心,看到新鮮的事物都會想嘗試。因此,要避免讓鳥兒進入廚房,以免被火源、熱水或是滾燙的食物燙傷。

⑥ 把鳥跟其他動物分開

有些家裡的寵物像是貓、狗及貂,喜歡撲咬會移動的物品。在尚未確認可以和平相處的情況下,千萬不要讓其他種寵物有機會靠近鳥兒。

Warning

防止鳥兒逃跑

很多種鳥兒的智商很高,他們知道如何打開鳥籠的門,或是推出飼料盆從小門跑出來,更有些鳥知道如何解開鳥籠上的簡單扣環。因此,把鳥籠所有的出口都用複雜一些的鎖扣好,才能防止鳥跑出來飛走。

專業店家

挑選鳥兒

判斷健康

帶鳥回家

營造環境

必備用品

布置鳥窩

遊樂場

建立感情

養鳥的必備用品

準備養鳥作伴,你也必須滿足鳥兒日常生活中所有的需求。養鳥只是提供飼料及水的觀念早就過時了,盡責的飼主應就鳥類的生理及心理需求提供完善的照顧,如準備讓鳥安居的鳥籠、均衡營養的鳥食、保持環境清潔的便盆墊料與清潔用品、讓鳥排解無聊的玩具等,都是讓鳥快樂度日的必備用品。

養鳥時需要八項用品

❶ 鳥籠

為了給鳥安適的居住環境,就必須替鳥準備鳥籠或鳥舍。挑選鳥籠的大小時,最基本的要求是要讓鳥兒有可以活動伸展的空間。長度的部分,要讓翅膀展開後,兩邊不會碰到籠子,寬度的部分,讓鳥兒站好後,尾巴可以擺動不會碰到籠子,高度的部分必須要讓鳥可以自由地上下跳躍而不會去撞到頭部。能提供盡可能大的鳥籠或是鳥舍,讓鳥兒飛行是最理想的。

選購注意事項

❶鳥籠耐用度→中大型鸚鵡就需要大而耐咬的鳥籠。

❷鳥籠功能性→功能性愈強的鳥籠,例如有附澡盆的鳥籠。

② 鳥的食盆、飲水器及澡盆

除了鳥兒的主食外，還必須準備其他營養補給品。你可以準備2～4個食盆，分別放置主食、蛋黃粉，礦石啄食等營養補充品在鳥籠裡。準備成鳥使用的飲水器時，除了可以使用傳統式的水瓶外，也可善用小動物如鼠兔用的飲水器，這樣鳥兒就無法將飼料丟進水瓶裡而弄髒飲水。如果你飼養的是正在餵食的幼鳥，因幼鳥尚未學會自己進食，所以不需要準備食盆。

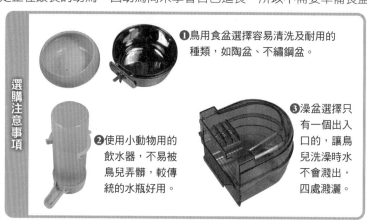

選購注意事項

❶鳥用食盆選擇容易清洗及耐用的種類，如陶盆、不繡鋼盆。

❷使用小動物用的飲水器，不易被鳥兒弄髒，較傳統的水瓶好用。

❸澡盆選擇只有一個出入口的，讓鳥兒洗澡時水不會濺出，四處濺灑。

③ 鳥食及營養品

鳥類除了主食外，還需要蛋黃粉及礦石等營養品，補充營養。依鳥種的接受度，天然蔬果的提供也很重要。（參見P140）

選購注意事項

❶注意鳥類食用產品的保存期限。
❷挑選產品的保鮮方式，如充氮氣保鮮或附乾燥劑等。
❸營養品的包裝需不透光為佳。

④ 巢箱及編織鳥窩

鸚鵡繁殖用的巢箱為木製品，主要是提供鳥兒生蛋孵育小鳥的地方，在非繁殖期時，有些鳥兒會把巢箱當成睡覺的地方。而雀類的鳥兒所需要的是編織鳥窩，多為稻草所編織出來的壺狀鳥窩。

選購注意事項

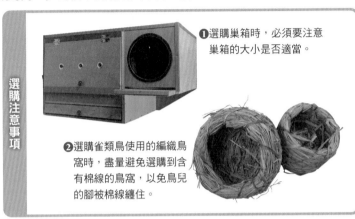

❶選購巢箱時，必須要注意巢箱的大小是否適當。

❷選購雀類鳥使用的編織鳥窩時，盡量避免選購到含有棉線的鳥窩，以免鳥兒的腳被棉線纏住。

⑤ 多種形式的棲木

鳥兒需要棲木以利於腳爪的抓握站立，和磨平腳爪。針對鳥兒的需求可提供2～3枝粗細不一的棲木，模擬野外的樹枝，讓鳥兒隨時可以抓握休息與磨爪。如果是從幼鳥開始養起，提供棲木的時間點可選在幼鳥會開始自行進食時，即可準備。

棲木的種類及選購注意事項

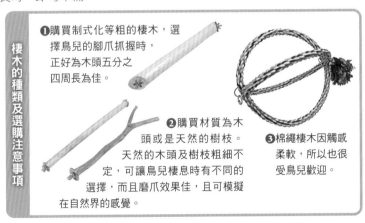

❶購買制式化等粗的棲木，選擇鳥兒的腳爪抓握時，正好為木頭五分之四周長為佳。

❷購買材質為木頭或是天然的樹枝。天然的木頭及樹枝粗細不定，可讓鳥兒棲息時有不同的選擇，而且磨爪效果佳，且可模擬在自然界的感覺。

❸棉繩棲木因觸感柔軟，所以也很受鳥兒歡迎。

🐦 玩具

玩具可以增進寵物鳥的心理健康。提供鳥兒玩具,並且常常替換以增進新鮮感,讓鳥兒可以在主人不在時自行玩樂,幫助鳥兒排解寂寞的感覺,促進心理的健康,並且減少鳥兒產生咬毛症。飼主應有玩具也是消耗品的認知,或許主人會傾向挑選不會壞掉的玩具,但事實上鳥兒最喜歡的是可以破壞的玩具,如木頭類製品的玩具、牛皮製品的玩具等。

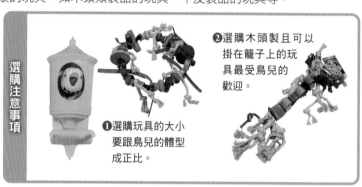

選購注意事項

❶選購玩具的大小要跟鳥兒的體型成正比。

❷選購木頭製且可以掛在籠子上的玩具最受鳥兒的歡迎。

🐦 便盆墊料

過去以鋪報紙在鳥籠底的方式吸附鳥的排泄物,但報紙吸水力不佳,也容易被鳥咬碎,造成環境髒亂。目前較為乾淨衛生的新式墊料有珍珠貝殼沙、木屑貓砂、紙砂。市售的珍珠貝殼砂經過殺菌相當清潔衛生,不但可鋪在鳥籠底包覆排泄物,同時貝殼砂也是礦物質的來源之一,可供鳥兒啄食,補充礦物質。木屑貓砂和紙砂吸水性強,兩者都可以有效包覆鳥兒的糞便,讓養鳥環境更加清潔及美觀。

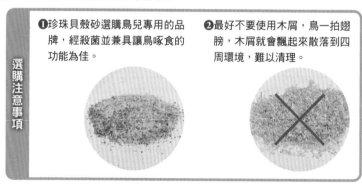

選購注意事項

❶珍珠貝殼砂選購鳥兒專用的品牌,經殺菌並兼具讓鳥啄食的功能為佳。

❷最好不要使用木屑,鳥一拍翅膀,木屑就會飄起來散落到四周環境,難以清理。

專業店家
挑選鳥兒
判斷健康
帶鳥回家
營造環境
必備用品
布置鳥窩
遊樂場
建立感情

8 清潔用品

除了用清水替鳥兒洗澡外,使用一些輔助用品可以有效地清潔及去除體外寄生蟲。利用鳥專用沐浴粉加在水裡替鳥兒洗澡可幫助鳥兒羽毛柔順,減少羽毛產生的粉塵,並清潔鳥兒的腳爪。再輔以體外蟲噴劑,可有效殺死鳥兒體外的寄生蟲。

選購注意事項

❶選購鳥兒專用的沐浴粉,勿用他種寵物的沐浴乳,以免洗去鳥兒保護身體的油脂。

❷體外蟲噴劑也須使用鳥兒專用的產品,以免毒性太強而讓鳥兒中毒死亡。

Info* 簡易的鳥玩具

如果想要提供一些簡單的玩具給鳥玩,可以提供像是乒乓球、圓紙筒、小段的木棍、安全的兒童木製玩具等等,都可以當做鳥兒簡易的玩具。

布置舒適安全的鳥籠

雖然鳥兒善於飛行又很好動，但是當主人不在家時，把鳥兒放在鳥籠裡比較不會發生危險。因此鳥籠可說是鳥兒長時間的居所，盡責的主人有義務提供一個讓鳥兒舒適安全的鳥籠，並且替鳥兒布置一個專屬的溫暖小窩。當你營造出鳥兒所需要的環境，鳥兒就會將鳥籠視為己有，被飼主養乖了的鳥還會自己回到鳥籠裡休息吃東西，當成舒適的避風港。

布置幼鳥的窩

幼鳥因為脆弱，一不小心很容易夭折，需要主人細心的照料，以下的用品可以讓幼鳥獲得完善的照顧。

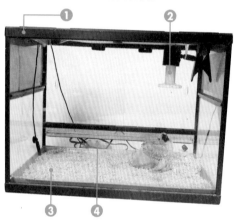

①寵物飼養箱 可使用透明的寵物飼養箱，透明的飼養箱可以讓幼鳥看見周遭的環境，並熟悉飼主的樣子。而飼主也可以容易觀察到幼鳥的生活情況。

②保溫燈 飼養幼鳥時一定要替鳥兒保溫，以免幼鳥失溫而生病。你可使用寵物飼養箱專用的保溫燈，或是家裡會發熱的檯燈以及25瓦以下的燈泡當保溫燈，放在飼養箱外，以免鳥兒過於靠近。

③墊料 可使用紙砂、木屑貓砂、面紙、毛巾等當做寵物箱底下的墊料，以吸收幼鳥的排泄物保持乾爽。鋪在箱底下的墊料每天至少要更換一到兩次。

④溫度計 幼鳥因為不如成鳥有羽毛保暖，很容易在天冷時失溫，因此對於溫度的要求高。最適溫度為27℃到30℃之間，溫度計可以讓你檢視寵物飼養箱的溫度是否符合要求，當溫度太高或太低都必須移動保溫燈跟飼養箱的距離做適當調整。

常見的錯誤示範：
❶把幼鳥的窩放在窗戶邊及門邊，幼鳥容易吹到風而生病。
❷墊料鋪得很薄，讓幼鳥處在潮濕的環境而容易生病。

布置成鳥溫暖的窩

布置鳥兒的窩時可將鳥的生活必須品都放置妥當。除了布置鳥籠裡面，鳥籠外面也可擺放植栽及清靜機，可讓養鳥的環境更方便整潔。

鳥籠裡

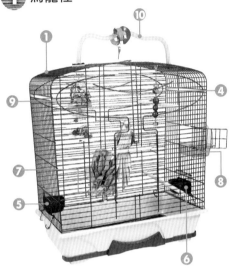

❶鳥籠 挑選美觀實用堅固的鳥籠，市面上販售的鳥籠有竹編材質、木頭材質，白鐵材質，不鏽鋼材質等。挑選鳥籠時必須依鳥種及及養鳥用途，如果是飼養小型雀鳥及軟嘴鳥可以挑選竹編或是木頭材質的鳥籠，如果是飼養鸚鵡，因為中型以上的鸚鵡破壞力強的緣故，挑選白鐵或是不鏽鋼材質的鳥籠的網片，鐵絲的粗細要能抵擋鸚鵡的啃咬。

❷鳥窩 鳥兒睡覺的鳥窩要裝置於鳥籠最高處，讓鳥窩的頂部跟鳥籠相連，防止愛鳥站在整個鳥窩的上方排泄。

❸蓋鳥籠的布 防風又防光線的蓋布大小需要與鳥籠相同，晚上時蓋著時，可防止光線影響鳥兒的睡眠，讓鳥兒好好睡覺。白天一定要完全掀起，讓鳥籠透光及通風。

❹水果叉 可固定住切片的水果，可以放置於食盆上方，防止水果掉落地上而污染。

❺數個食盆 因為鳥兒除了食用主食飼料外，會有一些副食品也必須放在食盆裡，故須準備數個食盆。而有些中型鳥會把食盆用嘴啄跟腳把食盆抓起來玩，所以必須把食盆固定住或是放在角落。

❻飲水器 在鳥籠內放置讓鳥喝水的飲水器，擺放的位置要讓鳥容易取用，如出水處鳥兒嘴啄容易碰觸到的高度，就很方便鳥兒喝水。

❼蔬菜架 蔬菜架要擺放在好拿取的地方，才容易天天更換。建議用金屬網架。

專業店家

挑選鳥兒

判斷健康

帶鳥回家

營造環境

必備用品

布置鳥窩

遊樂場

建立感情

⑧ 洗澡盆 沐浴用澡盆應放置於鳥籠入口。方便鳥兒清洗完拿取，使用不會潑灑的澡盆洗澡水才不會濺出。

⑨ 玩具 如要放置玩具在鳥籠裡時，玩具放置不可以位於食盆與飲水器附近，也不可以位於地上。以免鳥兒將飼料、水及排泄物沾上玩具，必須再度清洗玩具。

⑩ 頂部站台 頂部站台平時讓愛鳥也可以在籠外活動，建議放置兩個食盆放置食物與水。

② 鳥籠外部

有輪子的層架 可以移動的層架讓打掃環境更輕鬆周到。

保溫燈泡 天氣變化與鳥兒生病時需使用保溫燈泡，但不可以長期不間斷使用，以免鳥兒因此變得太嬌弱。

溫度計 溫溼度變化對鳥兒健康有影響，太熱可能會造成鳥兒中暑，太冷則會失溫，溫度計可讓你掌握溫度的變化，隨時做出因應措施。

植栽 無毒植栽可以讓鳥籠環境充滿生氣與降低鳥兒的緊迫。

空氣清靜機 細小粉塵有可能會影響到主人及鳥兒的呼吸道，需要空氣清靜機的過濾，若是具有殺菌功能則更佳。

Info* 裝飾鳥兒的家

布置鳥籠可以發揮你的個人創意，把他想像成鳥兒的起居室，而不是一個禁錮的場所，像你布置自己的房間一樣，就可以創造出愛鳥溫暖的小窩。鳥籠的配備五花八門，可以到販賣店挑選自行搭配。

鳥兒專屬的遊樂場

當鳥兒離開鳥籠運動時，布置一個遊樂場讓鳥兒玩耍，讓鳥兒可以在遊樂場裡活動，減少去破壞家具書籍紙張的機會。如果不喜歡使用鳥籠，也可以把遊樂場當成鳥兒的家，遊樂場裡可多放些吸引鳥兒的東西，讓鳥兒多花點時間在遊樂場裡自得其樂，更能方便你日常的管理。

遊樂場的設置

遊樂場裡的設置內容，通常有：

樓梯 樓梯是上下棲木時必備，也是鳥兒喜愛的玩具。

食盆 遊樂場仍需要有食物放置的食盆，可以放置鳥兒喜愛的食物。

水盆 水盆放置時，需要注意不要讓水盆中的水容易被灑出來。中型體型以上的鳥種，喜歡用嘴喙推動物品，又因為腳趾靈活，會直接用腳趾抓取物品，因此要找一個較重而不容易被鳥移動的水盆。

多種玩具 玩具種類不給予限制，最好時常更新，讓愛鳥對玩具有高度興趣。

鞦韆 可以搖晃的鞦韆是鳥兒玩累時的最佳休息選擇。

棉繩棲木 棉繩製的棲木讓遊玩的鳥兒可以容易抓取移動。

益智玩具 益智玩具對於高智商的大型鸚鵡既可以排遣時間又可以增進鸚鵡的學習能力。

多種的棲木 多種棲木可以訓練愛鳥的腳爪適應各種抓取的環境，讓遊樂場充滿變化不單調。

Info* 動手DIY 鳥兒遊樂場

市面上有現成的鳥兒遊樂場，你也可買現有的遊樂場，再加上各種玩具，或是自己動手做都可以。鳥兒遊樂場除了可以讓鳥玩耍外，也是鳥兒不在鳥籠時可以休息進食的地方。

專業店家
挑選鳥兒
判斷健康
帶鳥回家
營造環境
必備用品
布置鳥窩
遊樂場
建立感情

如何與鳥兒建立感情

飼主和寵物鳥也可以透過各種簡單的方式來建立起深厚的感情，通常鳥兒很快就能和主人發展出密切不可分離的情感。一般做為觀賞性的鳥兒比較無法跟人很親近，但如果你是從幼鳥養起或是直接購買人工手養長大的鳥，你就會發現鳥兒也可以像貓狗一樣，和飼主相當親近。

建立感情的七種方法

想和鳥兒建立感情，以下六種方法都能讓鳥兒和你更為親近。

1 取個名字

先給鳥兒取個名字，看到鳥兒時就叫他的名字，幾次下來鳥兒會對你的呼喚有所回應。

2 模仿鳥的動作

鳥兒會彼此互相理毛，保持羽毛的整齊清潔柔順，你可以輕輕撫摸及用手順著毛的方向梳理羽毛，充當鳥兒的同伴，這樣的動作會讓鳥很舒服，而且可以替鳥兒梳理他自己無法碰觸到的部位，例如頭部、頸部及臉頰。

3 模仿母鳥的動作

餵食幼鳥後，把幼鳥放在手心上撫摸，通常你可以輕輕撫摸幼鳥的頭部、頸部、身體，讓幼鳥有母鳥在身邊的感覺。這樣的動作可以讓幼鳥紓解緊迫的現象。還可模仿母鳥照顧幼鳥的動作，幫忙幼鳥理毛。

④ 使用透明的寵物箱放置幼鳥

如果幼鳥無法常常處於看到飼主的情況下,彼此建立感情的時間會拉長,相反地,把鳥籠擺放在可以常常看見飼主的地方,讓幼鳥可以長時間看到飼主,便能加快鳥兒對主人的熟悉感,建立感情。

⑤ 手拿鳥點心或是蔬果餵鳥吃

在野外的環境,鳥兒互相示好的方式為餵對方吃東西,飼主也可以模擬這樣的情境以手拿鳥點心、蔬果來餵食鳥兒,建立彼此的情感。

⑥ 幫鳥兒洗澡

鳥兒很愛乾淨,幫鳥兒用加了沐浴粉的微溫水洗澡,沐浴完可用毛巾替鳥兒擦拭,並用吹風機吹乾,這是跟鳥兒很好的互動方式。

⑦ 活動遊戲時間

每天可安排一段時間讓鳥兒自由在室內活動飛翔,可以到處走動讓鳥兒飛來找你,或是讓鳥參與你的日常生活,例如看電視時讓鳥兒在身上玩耍,看書時讓鳥兒站在書桌旁陪你等等。有時也可以帶鳥到戶外去走動。

撫摸鳥、接近鳥的正確方法

鳥是一種很敏感的動物,如果你接近鳥時,尤其是新來的鳥兒,動作必須要緩慢柔和一點,急促的動作會驚嚇到鳥。撫摸或抓鳥的動作也不能太用力,以免造成鳥兒的不適。想讓鳥兒站上手最好是用手指輕推牠的腹部,鳥就會站上來。

第 一 次 養 鳥 就 上 手

第5篇

鳥兒的飲食管理

鳥的餵食方式和鳥種與年齡相關。唯有了解鳥的飲
食需求和留意各種鳥類的食性，慎選高營養的鳥飼
料，配合蔬果與營養品一起餵食，才能使鳥獲取最
充分、全面的營養，讓鳥健康又有活力。

本篇教你：

☑ 鳥兒所需的基本營養

☑ 認識鳥兒容易缺乏的營養素

☑ 各種鳥類所需的食物種類

☑ 認識鳥兒食物內容物

☑ 認識市售的鳥食

☑ 各種時期需要的營養品

☑ 學會餵食幼鳥

☑ 學會餵食成鳥

鳥兒儘管種類眾多，體型大小差異懸殊，食性也不盡相同，但皆有維持日常活動所需熱量、骨骼生長、細胞運作、生長和繁殖的需求，因此，鳥類需要蛋白質、脂質、碳水化合物、纖維質、維他命、礦物質等營養素維持日常所需，這六樣營養素的提供缺一不可，一旦攝取不足，會影響鳥兒健康、發育或繁殖出現異常，例如，蛋白質攝取不足，鳥兒容易發育不良、體格瘦小；繁殖期攝取不足時，會發生繁殖障礙等問題。此外，鳥類最常攝取不足的營養素還有維他命A、D、離胺酸（Lysine）和蛋胺酸（Methionine）、碘、鈣等成分。

一般鳥類需要的營養成分

各種營養成份的功能說明如下：

種類	功用	需求特性	攝取不足時	來源
蛋白質	蛋白質為氨基酸所構成，鳥類無法自行製造，必須從食物攝取。蛋白質幫助鳥兒生長、繁殖及抵抗感染，是維持身體健康、維持組織運作不可或缺的營養。	蛋白質分為植物性與動物性兩種，依不同的鳥種，適合餵食的蛋白質也不同。嗜蟲性鳥類需要動物性蛋白質；而嗜果性鳥類需要植物性蛋白質。	鳥兒攝取不足時，會有發育不良造成體格瘦小；身體機能無法正長運作且造成鳥兒的繁殖障礙，降低繁殖成功率。	昆蟲、蛋黃粉、穀物。
纖維質	植物纖維質對於所有鳥類都非常重要。不但可以幫助鳥兒的腸胃蠕動，有些纖維質更是乳酸菌與腸胃益菌的食物來源。	有些鳥種如亞馬遜鸚鵡和折衷鸚鵡就特別需要較多的纖維質。	纖維素攝取不足時容易拉肚子，吸收營養的能力降低，體內容易滋長害菌。	水果、蔬菜、穀物。

基本營養

營養品

食物種類

市售鳥食

餵食方式 幼鳥

餵食步驟 幼鳥

如何斷奶

餵食成鳥

種類	功用	需求特性	攝取不足時	來源
脂質	脂質提供鳥類的能量，同時也是繁殖時期所需維他命E的來源。	不同鳥類在不同的時期需要食用正確比例的脂質，以符合鳥的繁殖或是換羽期的需求。	脂質攝取不足時，會降低鳥兒繁殖的意願。	堅果、昆蟲。
碳水化合物	鳥類主要的能量來源。	鳥類比較容易吸收消化的碳水化合物是預先煮過、較小分子量或是一些醣類。	碳水化合物攝取不足時，會讓鳥兒的體重下降。	各種穀物。
礦物質	各種礦物質維繫著鳥兒骨骼生長、細胞運作、神經傳導、肌肉的收縮以及器官的正常運作。	鳥兒最需要的礦物質就是鈣質，鈣質會在生長過程中不斷地流失，所以需要補充大量的鈣質。	攝取不足時會有骨骼生長畸形、影響蛋殼形成、體液離子濃度失調，造成疲倦、抽慉等毛病。	碘鈣塊、礦石、烏賊骨及市售的礦物質補充品。
維他命	維他命可促進身體各種功能運作正常，維持身體的健康。	鳥類換羽或是繁殖時期更會需要特定的維他命及氨基酸來幫助其補充養分。	攝取不足時會有新陳代謝失調、免疫力下降，所有的蛋白質、脂質、碳水化合物都無法吸收利用的情況。	水果、蔬菜、綜合維他命。

Info* 鈣質對鳥的影響

　　成鳥體內的鈣質會一直流失，所以需要常常補充。尤其在產蛋時，母鳥會分解本身骨質中的鈣來形成蛋殼。若是補充不足將造成軟蛋與卡蛋，嚴重時母鳥會難產而死亡。幼鳥生長時若是缺乏鈣質，輕則體型過小，重則胸骨彎曲，更嚴重者將會造成死亡。

需加強的五種營養素

飼料無法全部滿足鳥兒需要的營養素，鳥兒因具有全身覆羽的特徵，以及在特殊生理狀況的需求，因而特別需要補充某些營養素，如母鳥繁殖下蛋時，特別需要補充鈣質，若攝取不足容易影響蛋殼生成而發生軟蛋，造成母鳥難產或蛋殼過薄等情況。只餵食飼料容易讓鳥的營養素不足而感染疾病或影響鳥類繁殖。

營養元素	功用	攝取不足時	所需時機
鈣質	幫助鳥的骨骼成長與蛋殼生成。鈣質是鳥兒最基本的需求，因需求量較大，為鳥兒最常缺乏的營養素。	一旦缺乏鈣質，對鳥兒的骨骼及神經系統、繁殖均有所影響。	所有時期
維他命A	幫助上皮組織的生長分化，維護黏膜細胞及內分泌組織的功能。是可促進鳥兒生長與健康的營養素。	缺乏維他命A時，鳥兒容易發生眼部相關疾病、繁殖障礙以及免疫力降低。	所有時期
維他命D	維他命D可以幫助鈣質的吸收。戶外的鳥類通常可以透過曬太陽自行合成。但如果是飼養在家中的鳥類，由於日曬量不足，需要再額外補充。	缺乏維他命D時，骨骼生長異常、幼鳥容易產生軟腳。	所有時期
Lysine和Methionine	離胺酸（Lysine）和蛋胺酸（Methionine）是鳥類羽毛生長時重要的蛋白質組成物。	缺乏這兩種胺基酸將嚴重影響鳥類羽毛發育與飛行能力，並可能對成長中的鳥類產生緊迫的生理反應。	幼鳥時期、換毛時期
碘質	碘是甲狀腺荷爾蒙的成分之一，會影響鳥兒的新陳代謝。	缺乏碘質會造成鳥兒甲狀腺腫大，而壓迫到食道與氣管，造成吞嚥不易與呼吸困難。甲狀腺異常更會影響鳥兒的代謝功能。	所有時期、虎皮鸚鵡特別需要。

各種時期需要的營養品

基本營養

營養品

食物種類

市售鳥食

餵食方式　幼鳥

餵食步驟　幼鳥

如何斷奶

餵食成鳥

鳥兒在每一階段的成長期，例如繁殖、換羽或是生病，都需要不同的營養補充品，來滿足生理上特別的需求。適時地補充特殊的營養素，鳥兒才不會發生如換羽不順、繁殖障礙、生長停滯的情況。

幼鳥成長時期所需的營養素

幼鳥由破蛋殼起，成長迅速，大約在兩個月內就會長成成鳥的體型。在這短短的兩個月成長期間需要豐富營養的飼料與各種特殊營養。

幼鳥營養素	幼鳥並不如成鳥一樣可以消化大顆粒穀物或是咬碎食物，因應幼鳥的消化系統，業者將幼鳥成長所需的營養，設計成易吸收的粉狀飼料，幫助幼鳥迅速吸收養分。
鈣質	幼鳥在成長期間時需要大量的鈣質幫助骨骼成長，如果補充不足將使幼鳥骨骼發育不全。 你可以將水溶性鈣質添加在幼鳥粉狀飼料中一併混合餵給幼鳥食用。留意不可用紅土補充鈣質，因鈣質含量少，不敷幼鳥的成長需要，而且紅土未經消毒殺菌，只會使幼鳥受到細菌感染。
換羽維他命	幼鳥從出生後兩個月內為重要的第一次長羽期，此時生長的羽毛量是一生中最多的一次，比起日後的換羽更需要額外的營養因應所需。因此，每餐應適量補充換羽維他命幫助幼鳥順利長羽，長出的羽色亮麗、健康。
腸道益菌產品	正常、健康的消化系統可幫助消化、吸收食物的營養，添加腸道酵素與益菌可幫助幼鳥建立健全的消化系統，並避免有害病原菌入侵腸胃道。

133

通常鳥兒一年全身換羽一到兩次。而換羽時期鳥兒會較為緊迫，並因羽毛不全而影響到鳥類的飛行能力，補充羽毛生長的營養是必須的。鳥兒在換羽時，需要補充大量的蛋白質和適量的維他命，好讓新羽可以快速長出，毛色更為亮麗。若是沒有補充換羽維他命，而鳥兒換羽過程會較長，而新長出的羽毛也會凌亂不整齊。

蛋黃營養粉	鳥兒在換羽期間需要耗費大量的能量。蛋白質可以提供鳥兒生成羽毛所需的養分，因此在換羽期間需每天將蛋黃營養粉混在飼料中餵給鳥兒食用，讓鳥兒不用消耗自身的養分，又能補足換羽期所需營養，讓換羽順利。
換羽維他命	除了補充蛋白質之外，維他命及離胺酸（Lysine）和蛋胺酸（Methionine）也是鳥兒換羽時期應補充的營養素。維他命及氨基酸可以幫助鳥兒羽毛正常生長與汰換，同時長出的新羽也能健康亮麗。

Info* 特殊鳥種需要的特殊食物或營養成分

　　某些軟嘴鳥例如九官鳥以及大嘴鳥，需要低鐵配方的飼料，以免罹患血鐵沉著症，造成慢性死亡。而吸蜜鸚鵡因肌胃退化且無法吸收過多鐵質，則適合低鐵的液狀飼料。金剛鸚鵡因體型較大、熱量需求較高，比起一般鸚鵡更需要高油脂、高熱量的食物，因此需要攝取較多含高油脂的堅果，以滿足生理需求。

繁殖期所需的營養素

鳥兒要能成功繁殖、順利產蛋，必須做好親鳥的健康管理。當繁殖期間親鳥攝取了充足的所需營養素後，才能讓鳥兒有繁殖的慾望，不致產生繁殖障礙，並提升母鳥的產蛋品質，產蛋時才不會發生卡蛋、難產等問題。

蛋黃營養粉 	鳥兒在繁殖期間需要大量的養分，蛋黃營養粉可提供鳥兒繁殖期所需的養分，且富含動物性蛋白質，讓鳥兒有繁殖的慾望。可另外每天提供一盆蛋黃營養粉給繁殖期的成鳥。
繁殖維他命 	為了讓鳥兒順利繁殖、進入發情期，應每天提供大量的維他命E，才不至於使鳥兒無法繁殖。而母鳥產蛋時，需要消耗大量的鈣質，因此，也必須提供維他命D3幫助母鳥吸收鈣質，因應產蛋所需。當母鳥產下第一顆蛋時，就要停止使用繁殖維他命。
鈣質 	鳥兒繁殖期更需要加強補充鈣質以確保繁殖成果。每天以水溶性鈣質加入水中，鳥兒飲水時吸收到水中的鈣離子有促進發情的作用。此外，也可增加蛋殼的厚度，增進蛋的品質，並防止軟蛋，造成母鳥難產。
礦物質 	礦物質是鳥兒必備的營養素，身體的各種新陳代謝與蛋殼生成都需要礦物質，一旦缺乏，會使鳥的活力降低、新陳代謝失調，甚至死亡。為避免繁殖障礙，應時時刻刻都擺放礦物質產品給與鳥自由取用，避免缺乏造成相關問題。
萌芽種子	種子萌芽過程中，種子所儲存的蛋白質經分解形成容易消化的氨基酸，澱粉也會形成更容易消化的醣類，維生素含量也跟著增加，萌牙種子可提供含有高量維他命與胺基酸，有助於鳥兒更容易吸收養分。

基本營養 營養品 食物種類 市售鳥食 餵食方式 幼鳥 餵食步驟 幼鳥 如何斷奶 餵食成鳥

在大自然，親鳥育雛時會將餵食給雛鳥的食物先食用後，再吐食哺餵雛鳥。親鳥育雛時，因需要同時照顧幼鳥，因此需要大量的食物與營養素，才能順利育雛，在理解了鳥類的習性後，可根據雛鳥生長所需的營養，提供給親鳥食用，讓親鳥可以餵食幼鳥，讓幼鳥可以健康成長。

蛋黃營養粉	
	蛋黃營養粉含有高能量與均衡的營養，最適合發育中的幼雛。每天提供蛋黃營養粉，可給予成鳥足夠的能量去餵食幼雛。
日常維他命	
	發育中的幼雛鳥需要綜合維他命以確保順利成長發育。
鈣質 	幼鳥成長時需要大量的鈣質來成長骨骼，因此每天提供水溶性鈣質在親鳥的飲水中，由讓親鳥哺育幼鳥。 就如同人工餵食幼鳥一樣，幼鳥需要大量的鈣質。每天提供水溶性鈣質，其高度吸收率，最能幫助幼鳥成長所需。
礦物質 	幼鳥成長需要各種礦物質，礦物質提供了各種微量元素，親鳥會啄取礦物質來幫助幼鳥成長，所以必須無限量提供礦物質。
幼鳥營養素 	提供幼鳥專用營養素，灑在飼料上給親鳥取用，讓親鳥可以反芻給幼鳥食用。

生病與病癒所需的營養素

鳥兒的新陳代謝率很快,在生病時,通常體重會急速下降。為了能夠讓藥品可以達到效用並維持鳥兒體力,需了解鳥兒生病時期應該要補充哪些營養補品,才能提供病鳥生病期間及病後療養的營養補充。

蛋黃營養粉

蛋黃營養粉可提供大量的養分與能量,為病鳥、病癒鳥最佳的營養與熱量來源,需每天提供。

幼鳥營養素

提供給病鳥營養補給或是用來人工灌食無食慾的病鳥。因為高度營養與好吸收,也是獸醫師推薦鳥兒生病時期最佳的補品。

日常維他命

病鳥會流失大量的維他命,所以需要每天補充適量維他命,維他命中的B群更有助於提振精神。

腸道益菌產品

抗生素治療療程之後,可以給予腸道益菌類的產品幫助重新建立腸道益菌。

電解質

因腸胃疾病或保溫而脫水的病鳥,每天都需要補充電解質。補充時,加在水裡即可。

基本營養

營養品

食物種類

市售鳥食

餵食方式 幼鳥

餵食步驟 幼鳥

如何斷奶

餵食成鳥

鳴唱比賽通常是很多鳥聚在一起共同比賽，鳥兒在陌生環境比賽會感到緊迫。所以避免比賽時產生緊迫與提高鳴唱能力，可以添加下列產品。

繁殖維他命 	鳴唱比賽前四天，每日添加繁殖用維他命，幫助鳥兒求偶鳴唱。在比賽時就可以中斷不要使用。不比賽時每星期使用三天。
鈣質 	每星期提供一次，補充日常所需鈣質。
腸道益菌產品 	比賽前四天每天添加，保持腸胃健康，避免比賽時因緊迫而影響比賽結果。不比賽時每星期使用三天。

鳥兒參展比賽時，如外型比賽，為了讓參展時不產生緊迫與達到最健康體態，使用正確的營養補品可讓參展鳥兒達到最佳狀態。

日常維他命 	參展比賽前四天，每天添加日常用維他命，維持最佳生理狀態。在比賽時就可以中斷不要使用。不比賽時每星期使用三天。
鈣質 	每星期提供一次，補充日常所需鈣質。
腸道益菌產品 	比賽前四天每天添加，保持腸胃健康，避免比賽時因緊迫而影響比賽結果。不比賽時每星期使用三天。

基本營養

營養品

食物種類

市售鳥食

餵食方式 幼鳥

餵食步驟 幼鳥

如何斷奶

餵食成鳥

特殊羽色生成、增豔羽色所需的（色）素

黃或紅色金絲雀的羽色並非天生，必須靠餵食生色劑才能生成黃或是紅色羽色，平時需固定餵食生色劑才能維持鮮豔的羽色。

黃色金絲雀換羽期	黃色金絲雀的黃色並非天然的羽色。所以除換羽期需補充營養外，還需要補充黃色生色劑，才能讓長出的羽色維持鮮豔的黃色。
紅色金絲雀換羽期	紅色金絲雀的紅羽並非天生。在鳥兒換羽期除了需補充營養外，還需要補充紅色生色劑幫助羽色生成。
綠繡眼	綠繡眼美麗的綠色羽毛是靠黃色色素所產生，一旦黃色色素不足，綠繡眼就會變成藍灰色的鳥了。因此，平時需補充黃色生色劑以維持綠繡眼的綠色羽毛。

消化道不適所需的營養素

鳥兒的腸胃道主宰著鳥兒身體健康的程度，有時在人工飼養環境下，無法像在野外一樣攝取到多樣化生鮮的食物，而必須藉由添加的方式來為鳥兒補充足夠的益菌。

腸道保健益生菌產品 	藉由人工補充而建立腸道益菌叢及補充酵素，降低害菌跟黴菌的孳生。
腸道保健益生元產品 	藉由補充益生元，強化益菌的生存優勢，降低有害菌種在腸道裡的比例。

Info* 綠繡眼的綠色羽色靠黃色色素生成

　　鳥類羽色的色素當中，可簡分成黃色、紅色與黑色。藍色羽毛是光線經由羽毛物理反射自然產生，綠繡眼的綠色羽色也是光線反射原理而產生（藍光+黃光），因此，定時補充黃色色素如黃色生色劑，就可以讓綠繡眼的毛色保持美麗的綠色。

各種鳥類所需的食物種類

鳥兒的食性可以大約分成偏向植物性、動物性、兩者都食用三種。依其嘴喙形狀與生理需求將鳥兒再細分成食穀類、食果類、食蟲類、雜食類等等。不同的鳥兒所需要的食物都有差別，飼養前一定要注意所飼養的鳥兒是屬於哪一種食性，再依照食性挑選最佳的食物種類。

不同鳥類需要不同的飼料

鳥種	食物	例如
雀科鳥類	穀物飼料、含動物性蛋白質飼料及蔬果。	文鳥、錦花、金絲雀、胡錦。
軟嘴鳥類	分成嗜蟲性、嗜果性及嗜蟲、嗜果雜食性。不適合食用穀物飼料。	九官鳥、紅嘴鵯鴒、蕉鵑、綠繡眼。
小型鸚鵡	穀物飼料、動物性蛋白質飼料、蔬果。	虎皮鸚鵡、秋草、橫斑鸚鵡、太平洋鸚鵡。
中型鸚鵡	穀物飼料、動物性蛋白質飼料、蔬果。	金太陽、黑頭凱克、和尚、東玫瑰鸚鵡。
吸蜜鸚鵡	吸蜜鸚鵡專用飼料、蔬果及動物性蛋白質飼料。	黑頂吸蜜、青海吸蜜鸚鵡、紅猩猩吸蜜、紅色吸蜜鸚鵡。
大型鸚鵡	穀物飼料、動物性蛋白質飼料及蔬果。	非洲灰鸚鵡、琉璃金剛鸚鵡、折衷鸚鵡、藍帽亞馬遜。

Info* 鳥的嘴型跟食性有關

　　鳥類的食性與鳥的嘴喙形狀息息相關。一般而言，有長且尖嘴喙的鳥便於啄取昆蟲，食性偏向動物性；嘴喙較短的鳥，方便撥開種子的殼，食性偏向食穀；兼具動物與植物性食性的鳥，嘴喙的特徵就介於兩者中間，長度適中。

種類 1 食穀類

穀物是食穀鳥類的主食，而穀物中含有碳水化合物、脂質、蛋白質、各種維他命，磷、鈣等。每一種穀物所含的營養都不同，因此必須讓鳥攝取多種穀物，以獲得較完整的營養。而鳥類會因其嘴喙大小而影響到所攝食穀物顆粒的大小，因此有個別適合的穀物種類。

適 合 所 有 鳥 類

加納利子
（Canary seed）
富含蛋白質、油脂以及澱粉，是所有鳥類飼料當中最常出現且最普遍的種子，種仁軟，是許多鳥兒的最愛。

黃粟
（Yellow millet）
富含碳水化合物、維他命B。是很常見的混和飼料種類之一。

適 合 中 小 型 鸚 鵡 、 雀 類

油菜子
（Rapeseed）
富含高蛋白質及油脂、Omega3脂肪酸、Omega6脂肪酸。對鳥兒羽毛生長有幫助。

南瓜子
（Pumpkin seed）
含多種不飽和脂肪酸，如亞麻油酸，並富含維他命B、維他命E，以及礦物質鐵、鋅、銅、鎂、硒。是中大型鸚鵡喜愛的種子之一。

紅粟
（Red millet）
比黃粟略硬，也含高量碳水化合物。

小米
（Yellow panis）
粟的一種，混合在較小型鳥類的飼料當中。

燕麥
（Oat）
含亞麻油酸等必須脂肪酸、可溶性
纖維質，還含有維生素B1、B2與葉
酸，以及鈣、磷、鐵、鋅、錳等多種
礦物質與微量元素，顆粒中等。

葵花子
（Sunflower seed）
高油脂具有很多品種，如條紋、小
條紋、白色與黑色。是中大型鳥兒
很喜歡的穀物，是很普遍的穀物。

蕎麥
（Buckwheat）
高澱粉與低油脂的種
子，適合中大型的鸚鵡
食用。

白花子
（Safflower）
富含油脂，不飽合脂肪
酸如油酸、亞麻油酸。

松子
（Pine nut）
具高油脂與高營養。是
中大型鸚鵡的最愛。

高梁
（Milo）
含有良好的氨基酸，適合給大型鸚鵡
食用，鳥的接受度較低。

榛果
（Hazelnut）
富含不飽和脂肪酸，是金剛鸚鵡很喜
愛的堅果。

核桃
（Walnut）
富含不飽和脂肪酸，是金剛鸚鵡很喜
愛的堅果。

杏仁
（Almond）
富含不飽和脂肪酸跟維他命E，是適
合飼養大型鸚鵡很棒的堅果種類。

種類2 食果類食物

食穀鳥類、嗜果性軟嘴鳥、及雜食性鳥兒，平日除了主食外，必須提供水果及蔬菜讓鳥兒食用。提供時可將蔬果切成小塊狀並用容器盛裝方便鳥兒取食。提供水果或蔬菜時，最好先沖洗過，以免農藥殘留，而毒死鳥。

蘋果
提供天然維他命C、E與纖維質。適合所有的鸚鵡、軟嘴鳥。

木瓜
提供天然維他命A、C及木瓜酵素。適合所有的鸚鵡、軟嘴鳥。

芭樂
提供天然維他命C與纖維質。適用所有的鸚鵡。

玉米
提供天然維他命E與纖維質。適合所有的鸚鵡。

白菜
提供維生素A與纖維質。適合所有的鸚鵡、雀類。

種類3 昆蟲

昆蟲可提供豐富動物性蛋白，是嗜蟲性軟嘴鳥必須多加攝取的食物。而其他平時較少食用昆蟲的鳥兒，在繁殖期時因為蛋白質需求增加，因此可以少量給予。

乾燥昆蟲
將各種小型昆蟲加以乾燥所製成，方便提供動物性蛋白質。可適量提供給嗜蟲性軟嘴鳥，而在鳥兒繁殖期時可以大量提供，提升繁殖成果。

麵包蟲
麵包蟲是一種鞘翅目昆蟲的幼蟲，可提供鳥兒動物性蛋白質。平日少量提供，繁殖期時可大量提供，提昇繁殖成果。

143

種類 4 礦物質及營養品

鳥兒需要礦物質及營養保健品來維持生理機能正常，這裡將介紹鳥兒所需要補充的礦物質、維他命、蛋黃粉、酵素益菌等產品。

礦石

礦食可幫助鳥兒磨碎穀物，並且補充礦物質與鈣質，可每天提供讓鳥自由取用，適用除了吸蜜鸚鵡外的所有的鳥類。

維他命

添加維他命可補充穀物飼料裡不足的維他命A、B、C、D、E 等，增進鳥兒健康。可適量提供，適用所有的鳥類。

蛋黃粉

蛋黃粉為蛋黃跟穀物粉添加維他命所製成，方便提供鳥補充蛋白質。蛋黃粉補充主食之外的額外營養需求，可每天適量提供。適用所有的鳥類。

酵素益菌類產品

酵素類為幫助分解食物的一種蛋白質，幫助鳥兒的消化；益菌則是幫忙分解蛋白質的菌，建立腸道益菌叢，可抑制害菌的生長，讓鳥的腸胃道保持健康。一星期可以補充三次以上。適用所有的鳥類。

Info* 鳥類的飲食禁忌

　　除了市售的鳥食之外，如果想額外提供副食品給鳥兒，就必須是天然的食材對鳥兒才安全。原則上加鹽巴或是用油炒過的食物都不能給鳥兒食用。另外像是巧克力以及咖啡、茶水……等等刺激性食物也不能給鳥兒食用。此外，水果中的酪梨鳥兒也不能吃。

如何挑選市售的鳥食和營養品

寵物店或是鳥類販賣專門店都有販賣包裝鳥食和各類的營養補充品，市售的鳥食裡已具備所有鳥兒所需的營養素，不須再自行調配。依照鳥的不同食性與營養需求，鳥食也分為綜合穀物飼料、軟嘴鳥飼料、滋養丸、吸蜜營養素……，蛋黃營養素與各式營養補充品均補足了主食無法提供的營養素。以下教你認識市售鳥食的優缺點和挑選訣竅。

認識常見市售鳥食

常見的市售鳥食有穀物綜合飼料、軟嘴鳥飼料、滋養丸、幼鳥營養素、吸蜜營養素、蛋黃粉及保健品，種類繁多，必須依照鳥兒所需而挑選品質良好的市售鳥食。

1 穀物綜合飼料

雀科鳥與鸚鵡類的鳥均屬於常見的食穀鳥類。市售的綜合穀物飼料通常都是帶殼的，綜合穀物飼料包含多種的穀物，穀物種類愈多的穀物飼料能讓鳥兒吸收到愈多種類的穀物營養成分。選購時根據鳥類體型大小，挑選大小適合的穀物綜合飼料。

優點 穀物飼料的穀物種類豐富，嗜口性很好，鳥兒樂於食用並提高食慾。

缺點 由於穀物的種類較多，可能會造成鳥兒挑食，將不想吃的穀物留下，造成營養不均衡。

聰明對策 每日給予固定可以食用完畢的數量，絕對不要過多就不會有挑食的現象。

適用鳥類 穀物飼料的種類由金剛鸚鵡系列、大型鸚鵡系列、中型鸚鵡系列、小型鸚鵡系列一直到最小顆粒的雀科鳥類系列。也有針對特定鳥類所研發的專用穀物飼料，如灰鸚專用飼料、亞馬遜專用飼料等。

基本營養

營養品

食物種類

市售鳥食

餵食方式

幼鳥餵食步驟

如何斷奶

餵食成鳥

挑選訣竅 **1.** 挑選新鮮、營養均衡的飼料。可觀察包裝上的製造日期與保存期限做判斷，以製造日期愈近的為優選。此外，從鳥食營養標示觀察，穀物種類愈豐富、能提供給鳥兒的營養就愈充足。若穀物種類在8種以下，表示數量過少，通常沒有經過專業的營養分析，並不適合鳥兒長期食用。

2. 若是沒有良好的保鮮包裝，飼料在台灣典型的高溫多濕環境很容易腐壞，挑選時應選擇有良好保鮮包裝的飼料。

3. 穀物飼料的營養成分是否容易流失，關鍵在於穀物飼料的新鮮度。不新鮮的穀物飼料泡水後不容易發芽；而脫殼的穀物營養素流失得很快也要避免購買。

❷ 軟嘴鳥飼料

軟嘴鳥飼料適合給非食用穀物飼料的軟嘴鳥食用，依照食性可分為嗜果性、嗜蟲性、雜食性三種。餵食的飼料中，若含有過高的鐵質，會讓軟嘴鳥罹患肝臟鐵質沈著症而死亡，因此適合軟嘴鳥的飼料應為低鐵配方。經過消化後的排泄物要是有濃厚臭味的話，表示這種配方不適合鳥類食用，有可能是蛋白質含量過高或是配方不易被消化。

優點 軟嘴鳥飼料使用方便，當做主食又能控制鐵含量。

缺點 雖然給予軟嘴鳥主食飼料外，還是要針對鳥種的需求給予適量水果或是動物性蛋白質如麵包蟲、青蛙、老鼠。

適用鳥類 依照食性可分成嗜果性、嗜蟲性與雜食性的軟嘴鳥飼料。嗜果性的飼料適合如紅嘴鷄鵒、蕉鵑；嗜蟲性鳥類則適合小型犀鳥；雜食性軟嘴飼料則是適合所有的軟嘴鳥食用。

挑選訣竅 **1.** 不同於穀物飼料的穀物殼保護，軟嘴鳥飼料因為營養豐富，更需要保鮮包裝來保護避免營養的流失。

2. 飼料顆粒大小對於軟嘴鳥十分重要，應就軟嘴鳥嘴喙大小挑選適當的顆粒大小餵食。

3 滋養丸

滋養丸是將各種原料如玉米、燕麥、小麥等數種穀物經過調製後，添加維他命與所需礦物質所製成的，為鳥兒的主食，並不是添加性的副食品。滋養丸的製造方式有許多種，可能有射出成型、擠壓成型，但不管是那種製程，好的滋養丸都必須依照不同鳥類所需的營養配方調製而成。

優點 營養均衡，不同於餵食穀物飼料可能會讓鳥挑食，食用滋養丸不會有營養不均衡的現象。

缺點 嗜口性不一定很好，成鳥需要一個星期左右緩慢更換成滋養丸。

聰明對策 若是在幼鳥斷奶時期就以滋養丸當主食，鳥兒不但馬上適應滋養丸，更不會有斷奶期體重下降的問題產生。

適用鳥類 滋養丸分成有鸚鵡類、雀科、野鳥類三種。如果是做為繁殖期時的營養補充，可以使用繁殖用滋養丸。

挑選訣竅 1. 好的滋養丸必須要有保鮮包裝、專家研究的營養成分，並且不會有大量的色素與香料。

2. 通常射出成型的滋養丸因為經過高溫烹煮，所以鳥兒食用後比較容易消化。此外，在製程的最後也會再添加高溫烹煮之下所流失的營養，讓養分更完整。

目前市面上陳列販售的鳥食分為本土製與國外進口。歐美國家觀賞鳥產業相當先進成熟，所以由國外進口的鳥食，都經由鳥類專家、繁殖者、動物園、獸醫及營養師所研發出來的，鳥的種類繁多、營養充足並有先進的包裝，挑選時可選專業鳥食製造商出產的鳥食，通常產品種類繁多且分類精細，可以提供鳥兒較為周全的營養。

④ 吸蜜營養素

吸蜜營養素為吸蜜鸚鵡的主食，因吸蜜鸚鵡一般鳥兒不同，在野外通常是以吸食花蜜與水果為主食，因此退化的肌胃不能消化較硬的穀物食物，需使用吸蜜鸚鵡專用的粉狀飼料。好的吸蜜營養素必須是可讓鳥的羽色亮麗與消化道正常運作。

優點 營養均衡、低鐵含量。

缺點 無

適用鳥類 所有吸蜜鸚鵡。

挑選訣竅 1. 挑選包裝良好、標示清楚的吸蜜營養素。

2. 如果是散裝且無良好包裝、來源不明、無標示的吸蜜粉，有可能是店家隨便混合幾種穀物粉而配出的飼料，並無法滿足吸蜜鸚鵡的特殊需求。

3. 必須標示低鐵含量。

⑤ 幼鳥粉狀飼料

幼鳥粉狀飼料為幼鳥期的鳥類專用飼料，通常會依據鳥類的能量需求而有不同的配方，分成中小型鳥種以及大型鳥種專用。幼鳥飼料提供了幼鳥成長時期所需的營養，營養均衡的幼鳥飼料會讓幼鳥的體重每天上升，羽毛漸豐。市售的蛋黃粟因為不符合幼鳥的營養需求，不能單獨拿來當做幼鳥飼料。

優點 幼鳥較成鳥脆弱，離開母鳥改由人工餵食更需要著重幼鳥所需的營養。幼鳥飼料提供了幼鳥所需的維他命、礦物質、益菌等營養，不但簡省準備飼料的時間與步驟，也方便飼主易於管理幼鳥的餵食，降低幼鳥夭折率。

缺點 無

適用鳥類 所有的鸚鵡幼鳥。

挑選訣竅 粉質均勻，容易沖泡開，且沖泡後不易有多餘的飼料沉澱。

特別注意 泡製好的飼料一定要當餐吃完，若隔餐，勿再餵給幼鳥，以免滋長細菌而讓幼鳥吃了生病。

6 蛋黃營養粉

蛋黃是鳥兒的最佳天然營養補充品,利用蛋黃添加維他命與胺基酸製成的蛋黃營養粉,可以幫助鳥兒攝取養分與能量。

蛋黃粉最佳的使用時機是換羽期或是繁殖期,平常也可以當做營養補充品。可以單獨餵食或是添加萌芽種子一起餵。開封後因為食用需要一段時間,剩下已開封的飼料應該存放於乾燥陰涼處,如果是添加蜂蜜的濕式配方則要放置冰箱保存。

優點 嗜口性極強的營養補充品,不但可以在換羽與繁殖時使用,剛進口的鳥類餵食蛋黃營養粉可以增加食慾與減低緊迫。

缺點 食用過多會導致鳥兒肥胖。

特別注意 蛋黃營養粉需要每天更換,夏天時更換頻率提高至半天更換一次。

適用鳥類 蛋黃營養粉可以分成雀科鳥類與鸚鵡類食用兩種。雀科鳥類與大型鸚鵡的蛋黃粉會更加強化動物性蛋白質的含量,以滿足鳥兒繁殖與換羽時的需求。

挑選訣竅 1. 製作良好的蛋黃營養粉會依據鳥類的體型和體型的差異,調整動物性蛋白質成分,如小型鸚鵡對於蛋白質含量的需求就低於大型鸚鵡。

2. 選購時需注意是否為保鮮包裝,並留意製造日期,新鮮的蛋黃營養粉在打開包裝時應該會有很香的蛋黃味道。

7 營養保健品

營養保健品依不同功能分為維他命、鈣質、礦物質、腸胃保健品與黏土礦物。

維他命

維他命依照鳥類的不同時期分為日常、換羽或是繁殖用。可添加在食物及飲水裡,添加在水裡的維他命必須在一天內更換,夏天時,半天就需更換。

鈣 質

鈣質有水溶性鈣、碘鈣塊或是貝殼粉。鈣質的吸收率最高的是水溶性鈣質，碘鈣塊則可以補充碘質。可將碘鈣塊直接綁在鳥籠上，供鳥隨時啄取。挑選包裝標示清楚、可綁在鳥籠上的產品為佳。

礦物質

礦物質為鳥類吸收消化的元素態物質。礦物質粉通常也會含有鈣質，但會添加各種不同的礦物質，好的礦物質粉不但含有各種礦物質也含有微量元素。

黏土礦物為顆粒細微、表面積巨大的矽酸鹽類礦物。因為其高度陽離子交換能力，可以吸附污染物質或是生物鹼，維持鳥兒的健康。數種南美洲的鸚鵡如金鋼鸚鵡，在野外會攝食黏土，科學家推測此種行為是想要藉黏土的功能去除自然界食物的毒素，如未成熟果實的生物鹼。挑選時，應選乾淨且有殺菌的產品。

腸胃保健品

腸胃保健品分成酵素加益菌及益菌食物兩種。一般腸胃酵素內均含益菌配方，幫助鳥兒順利消化與改善消化不良。

而益菌食物則是指果寡醣類的產品，主要可以幫助腸胃道正常蠕動與提供益菌生長，兩者可一起使用，效果最好。

優點 每種保健品都有其用途，以因應鳥兒的不同需求。

缺點 種類繁多，需自行依所養的鳥種需求尋找適合的產品。

特別注意 鈣質要搭配維他命D3一起使用，才會有較好的吸收效果。

適用鳥類 全體適用。

 市售的蛋黃粟可以當做鳥的主食嗎？

事實上市售的蛋黃粟是使用烘乾小米仁與少許的加納利子仁加上香料製成，穀物種類只有兩種，並不足以維持鳥兒的健康狀態，因此不能單獨只餵食蛋黃粟，應該搭配多種穀物以及營養補充品，才能使鳥兒獲得均衡完整的營養。

幼鳥的餵食方式

手養幼鳥可因餵食時與鳥的親密互動，使鳥兒長大後成為親近人的寵物鳥，這也是許多人購買幼鳥手養長大的原因。此外，有些遭親鳥棄養的幼鳥也必須靠人工餵食才能存活。餵養幼鳥時，飼主必須扮演親鳥的角色，因此必須知道幼鳥很脆弱，需要飼主細心地照顧，謹慎處理餵食的每個環節，才能順利養大幼鳥。

幼鳥一天須餵食3～5餐，也必須花時間準備餵食，餵食時有一定的步驟跟要求，因此在購買幼鳥之前，必須先知道自己是否有時間及能力照顧幼鳥。

餵食幼鳥的基本原則

手養幼鳥全仰賴飼主餵食，在食物的選擇上、餵食的技巧上均異於成鳥，經由健康管理、注重衛生等環節人工餵食，幼鳥亦可以順利健康成長。飼主餵食幼鳥時需留意的基本原則如下：

1 必須使用專家調配的幼鳥飼料

營養均衡的飲食才能使幼鳥健康成長，市面上有專家針對幼鳥成長需求研發的專用配方幼鳥粉狀飼料，具有高營養，符合幼鳥的生長需求，飼主也不必費心張羅幼鳥成長階段所需的種種營養素，餵養方便又能兼顧幼鳥健康。選購時，應選擇有完整營養標示外包裝的飼料，在品質上比較有保障。

基本營養

營養品

食物種類

市售鳥食

餵食方式 幼鳥

餵食步驟 幼鳥

如何斷奶

餵食成鳥

2 餵食幼鳥的器具和雙手必須徹底清潔

為避免幼鳥接觸病原菌而生病，餵食幼鳥的器具必須要用洗碗精徹底清洗，雙手也必須洗乾淨。

3 調配的飼料溫度要適中

餵食幼鳥時調配的飼料必須在38℃～40℃。溫度過高超過40℃會讓幼鳥的嗉囊燙傷，甚至使嗉囊破掉，造成幼鳥死亡。而溫度低於38℃則幼鳥進食意願較低，此外，也容易讓嗉囊內的念珠菌滋長，引起念珠菌症。

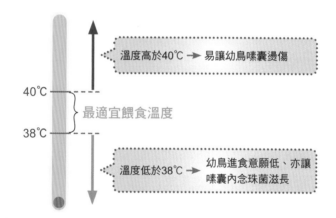

溫度高於40℃ ➡ 易讓幼鳥嗉囊燙傷

40℃
38℃
最適宜餵食溫度

溫度低於38℃ ➡ 幼鳥進食意願低、亦讓嗉囊內念珠菌滋長

Info* 常見嗉囊燙傷的原因

大部分的主人會很注意餵食幼鳥時飼料的溫度，但當主人將幼鳥託付他人照顧時，常會忘記而沒有告知對方餵食的注意事項，尤其是需要注意餵食飼料的溫度，否則就可能會造成幼鳥的嗉囊燙傷。

基本營養

營養品

食物種類

市售鳥食

餵食方式 幼鳥

餵食步驟 幼鳥

如何斷奶

餵食成鳥

4 飼料要新鮮

每一餐吃剩的飼料絕不能留到下一餐繼續餵食，因為已經泡了水調配的粉狀飼料放在室溫超過一個小時就會壞掉、滋生細菌，因此不要將食用不完的飼料留到下一餐餵食。

幼鳥

> 每餐需新鮮現泡，勿餵食上一餐剩餘飼料，幼鳥易因飼料已經壞掉而嘔吐，影響消化道健康。

5 做好餵食後的清潔工作

幼鳥的抵抗力較差，如果照顧不周鳥兒容易生病，因此餵完幼鳥清潔善後工作不能省。每次餵食幼鳥時，可以先準備好衛生紙和乾淨的水，擦拭餵食時不小心滴落到嘴喙下方的飼料。由於嘴喙下是最容易滋生細菌的地方，因此可用沾水浸濕的衛生紙擦拭、清除殘留在此處的飼料。每次餵食完畢也要更換清潔放置幼鳥的寵物箱與更換放置箱內的墊料。

6 每天要做幼鳥的健康記錄

在每天餵食第一餐之前，必須監測、記錄除幼鳥的體重，並且詳細觀察鳥兒的進食精神狀況。體重記錄可以當做幼鳥健康的指標之一。當幼鳥體重並沒有上升反而下降時，代表幼鳥生病了，必須要帶去醫院給醫生檢查。

幼鳥的餵食步驟

幼鳥一天約餵三到五餐，通常半夜的時候並不需要餵食，除非是十天齡以下的幼鳥。幼鳥的嗉囊必須幾乎排空、幼鳥也必須有食慾時才能餵食。沒有排空的嗉囊，表示還殘留上一餐的飼料，這時再餵新飼料的話，會延長上一餐飼料消化的時間，而讓上一餐的飼料在嗉囊裡腐壞酸化，易使幼鳥消化道受到感染而消化停滯。

餵食幼鳥step by step

Step 1 **先檢查幼鳥的嗉囊是否已經排空**

嗉囊位於鳥兒的喉部下方，因此可用手觸碰幼鳥喉部下方的嗉囊，觸摸起來若感覺裡面尚存有液體表示尚未排空；若是摸起來感覺嗉囊扁扁的，則為排空的狀態。

Step 2 **調配幼鳥專用粉狀飼料**

將幼鳥專用的粉狀飼料加入溫水，用叉子或是打蛋器將飼料攪拌均勻。調配時也可額外添加如換毛維他命、腸道調理劑、酵素、生物鈣等營養品，一同餵食幼鳥。最適合餵食幼鳥的溫度為38℃～40℃，如果加入的是高溫熱水，就一定要再額外補充酵素。

調配雛鳥所食用的粉狀飼料時，需依照雛鳥的出生日齡調配飼料的濃稠比例。原則上，剛破殼出生的雛鳥，因為需要較淡的飼料濃度，粉狀飼料的含水比例較高，隨著鳥兒日漸成長，水的比例要降低，讓飼料愈濃稠。

基本營養

營養品

食物種類

市售鳥食

餵食方式 幼鳥

餵食步驟 幼鳥

如何斷奶

餵食成鳥

調配粉狀飼料參考表

年齡	粉狀飼料比例	水比例
1～2日齡	1	6
2日齡至3日齡	1	5
3日齡至4日齡	1	4
4日齡至五日齡	1	3
五日齡至斷奶期	1	2～2.5

注意事項：
水與粉狀飼料調配量會依使用各品牌成分差異而有所不同。這裡以使用凡賽爾A21，餵食中型鸚鵡幼鳥為例。

用餵食幼鳥專用湯匙餵食

通常餵食幼鳥有三種不同的餵食輔助器具，一種是專用於雀科鳥類如文鳥的餵食器。另外兩種是幼鳥專用湯匙和去掉針頭的注射筒，適用於鸚鵡類的幼鳥。

使用湯匙餵食時注意要把湯匙放到幼鳥的嘴喙裡，一邊餵食時一邊漸漸抬高湯匙，讓飼料可以流到鳥的嘴巴裡。

幼鳥的餵食輔助工具

通常餵食幼鳥有三種輔助器具，分別是文鳥餵食器、幼鳥專用湯匙、去掉針頭的注射筒。

| 文鳥餵食器 | 幼鳥專用湯匙 | 去掉針頭的注射筒 |

文鳥餵食器為兩根管子所組成，可藉由一根推管將飼料推進鳥的嘴裡。
專用於雀科鳥類，如文鳥。

幼鳥所使用的專用餵食湯匙，湯匙兩側稍微往上折，方便餵食幼鳥。
適用幼鳥：鸚鵡幼鳥

使用拔去針頭的注射筒餵食幼鳥，可以迅速地餵食幼鳥。
適用幼鳥：鸚鵡幼鳥

當幼鳥的嗉囊飽滿時，即可停止餵食

餵食幼鳥時，觀察到鳥的嗉囊將近飽滿時，就可以停止餵食。有些幼鳥吃飽時就不會繼續吃了，有些還是會繼續索食，兩種情況都應該停止餵食。

基本營養

營養品

食物種類

市售鳥食

餵食方式 幼鳥

餵食步驟 幼鳥

如何斷奶

餵食成鳥

Step 5

清潔幼鳥嘴喙

餵完幼鳥後，用衛生紙沾水，將幼鳥的嘴喙週遭沾到飼料的地方徹底清潔乾淨。

Info* 如何使用注射筒餵食

　　使用注射筒餵養時，左手先固定鳥的頭部，用右手將飼料慢慢打入幼鳥的嘴巴裡，將注射筒從嘴喙的一側放置，而打入的方向往下嘴喙的方向，而不是往喉嚨裡面，以免注射太快，飼料流向鳥兒的氣管嗆到。

1 檢查嗉囊

2 用注射筒餵食

3 注入方向往下嘴喙

4 嗉囊飽滿，停止餵食

各種幼鳥的食量與餵食次數

分類	出生天數	7～21天 食量	餵食次數	21～28天 食量	餵食次數	28～35天 食量	餵食次數	35～48天 食量	餵食次數
小型鳥	阿蘇兒	2～4cc	6	5cc	4	5cc	4	5cc	4
		注意事項：對能量的需求高，可以提高飼料濃稠度、增加餵食次數、另添加滋養丸方式補充。							
	玄鳳鸚鵡	4～10cc	6	10cc	4	10cc	4	10～15cc	4
		注意事項：對能量的需求高，可以提高飼料濃稠度、增加餵食次數、另添加滋養丸方式補充。							
中型鳥	太陽類鸚鵡	4～10cc	6	10～15cc	4	15～20cc	4	15～25cc	4
	小型金剛鸚鵡	6～20cc	6	20～30cc	4	25～35cc	4	35～50cc	4
大型鸚鵡	非洲灰鸚鵡	1～6cc	6	6～30cc	5	30～40cc	4	40～45cc	4
	巴丹鸚鵡	10～35cc	6	35～60cc	5	50～70cc	4	50～80cc	4
	大型金剛鸚鵡	10～50cc	6	50～80cc	5	80～100cc	4	80～100cc	4
		注意事項：需要高能量配方的食物，才能因應成長所需。由於大型鸚鵡幼鳥的食量很大，如果發現消化速度過快，低於4～5小時嗉囊就已排空，就必須增加飼料的濃稠度。							
	亞馬遜鸚鵡	10～35cc	6	25～45cc	5	40～50cc	4	45～60cc	4

斷奶時期的幼鳥怎麼餵？

基本營養

營養品

食物種類

市售鳥食

餵食方式

幼鳥

餵食步驟

幼鳥

如何斷奶

餵食成鳥

當幼鳥的羽毛漸漸長齊時，就可讓鳥開始斷奶學習獨立進食。餵食斷奶的幼鳥必須先讓鳥兒習慣新食物的味道，慢慢地減少餵食幼鳥飼料的次數，並且提供食物放在鳥籠裡讓鳥兒自行練習，而飼主也必須小心觀察幼鳥斷奶期自行進食的狀況，以判斷是否要延長斷奶期，以免鳥兒進食量不足而影響健康。

Info* 幼鳥何時可以開始斷奶？

判斷幼鳥何時斷奶可從外觀和行為兩部分看：一是從外觀來看，當幼鳥全身的毛快長齊、且毛已大量覆蓋身體時；二是從行為來看，當餵食時，幼鳥並不如以往興奮索食，而是吃一兩口就跑掉時，都表示幼鳥已經可以開始斷奶了。

讓鳥兒獨立進食的步驟

幼鳥斷奶期前全部仰賴飼主餵食，沒有主動吃飼料的經驗，若沒有主人在旁協助，有可能影響鳥兒的健康，甚至讓幼鳥餓死。在協助幼鳥斷奶期間，主人需多加留意幼鳥的進食狀況與建立正確的飲食習慣，如在此時多給予新的食物，並以滋養丸協助斷奶，日後當鳥兒學會獨立飲食後，對新食物的接受度才會高。

step 1 先將滋養丸加在幼鳥飼料裡，讓幼鳥熟悉味道

當鳥兒羽毛布滿全身的百分之八十左右的時候，可以將少量小顆粒滋養丸加入幼鳥溫熱的飼料裡，或是將滋養丸磨成粉加到幼鳥飼料裡。這樣做可讓幼鳥趁早習慣滋養丸的味道，提高往後對於新食物的接受度。

Info* 使用滋養丸幫助幼鳥斷奶

讓鳥兒斷奶最好的方式就是使用滋養丸。滋養丸營養均衡，讓鳥兒斷奶時不會因為學習獨立進食的壓力而體重下降。而使用滋養丸斷奶的鳥兒，以後對於很多食物的接受度會很高，因為滋養丸是經過乾燥的食物，會吃滋養丸的鳥類，對於含水分比較高的穀物飼料和蔬果都可以很快地接受。

Step 2　再置放滋養丸至寵物箱內讓幼鳥練習啃咬

當幼鳥已經熟悉滋養丸的味道、且已經喜歡啃咬物品時，這時即可在寵物箱裡放置滋養丸讓幼鳥開始練習啃咬。請勿放置穀物飼料，以免鳥兒沒有撥殼就把穀物整個吞下去，因穀物硬殼難以消化，這樣會造成鳥兒消化道受傷。

Step 3　開始斷奶

當鳥兒全身的毛長齊，並出現餵食時，吃一兩口就跑掉的行為，此時就可將原本放在寵物箱裡的鳥兒移到鳥籠裡，並且放好飼料以及水。

Step 4　減少每天餵食粉狀飼料的次數

開始幫幼鳥斷奶時，即減少每天餵食粉狀飼料的次數，讓幼鳥可以有機會練習吃滋養丸，逐漸養成獨立進食的習慣。例如原本一天餵食四餐，就改成一天餵三餐。每減少餵食一次，就必須持續一星期，例如每天改餵三餐時，以此頻率持續一星期，過一星期之後，再減少餵食一餐，讓鳥兒可以慢慢適應，以免不適應而體重下降。

Step 5 **每天觀察鳥兒自行進食的狀況**

通常鳥兒會啃咬滋養丸，但並不一定吞下去，在飼主減少親自餵食次數的情況下，鳥兒感到饑餓時，就會學習把飼料吞下去。如果鳥兒已經會自行吃飼料，排泄物的顏色也會隨之改變，從餵食粉狀飼料的土黃色轉變成吃滋養丸後的褐色，或是改吃穀物飼料後的青色。此外，可將鳥的嘴喙輕碰水瓶裡面的水，讓鳥兒知道水的位置，以教導鳥兒喝水。

Info* **吸蜜鸚鵡及軟嘴鳥的斷奶方式**

1. 吸蜜鸚鵡的斷奶方式：

當吸蜜鸚鵡幼鳥的毛快長齊時，可將幼鳥放在鳥籠裡，放一盆泡溫水調製好的吸蜜飼料，主人可將幼鳥的嘴喙輕沾到調製好的飼料，教導吸蜜鸚鵡幼鳥自行舔食，並依照前面的斷奶原則慢慢減少餵食次數，當觀察到調製的飼料都有明顯減少以及幼鳥嗉囊都有飽滿的現象，表示吸蜜幼鳥已學會自行進食。

2. 軟嘴鳥的斷奶方式：

當軟嘴鳥幼鳥的毛長齊時，可將鳥放在鳥籠裡。將軟嘴鳥的幼鳥飼料混以軟嘴鳥專用飼料以及切塊水果，讓鳥自行練習啄食，並依斷奶的原則來鳥兒學會獨立進食。

Info* **斷奶的重要步驟**

斷奶時，一定要將鳥兒放在鳥籠裡，若加裝保溫措施，可幫助鳥兒專心地學會自行進食。如果鳥兒可以在一個大空間裡隨意走動，且整天都能看見主人，這樣的環境會讓鳥兒等待主人來餵食，而降低學習自行進食的欲望。

基本營養

營養品

食物種類

市售鳥食

餵食方式 幼鳥

餵食步驟 幼鳥

如何斷奶

餵食成鳥

如何餵食成鳥

成鳥已經會獨立進食，不須飼主花費時間特別餵食。這時要注意的是，依照自己飼養的鳥種，準備適合食用的飼料與相關的營養補充品。除主食外，其他如礦物質補充劑、營養素等也需提供給鳥兒，同時器具的清潔、飲食的衛生也要留心，以免鳥兒食用不潔的食物、飲水而生病。

如何準備餵食器具與注意事項

1 準備盛裝食物的器具

依照飼養的鳥種，而選擇適合的主食和礦物質補充劑、蛋黃營養粉與營養品。需準備三個飼料杯分別盛裝。如果飼養的是吸蜜鸚鵡，由於吸蜜飼料是液狀的，建議使用不鏽鋼杯盛裝主食，方便食用完畢的清洗與再利用。

餵食的分量為主食與蛋黃粉營養品要擺放一天分，礦物質補充劑則是可以放滿一整杯讓鳥自由取食。

2 準備盛水器具

裝水的器皿可以是杯子、水瓶或是小動物飲水器。選擇小動物飲水器可一次裝很多水，而且水也比較不會髒。如果是用水瓶與飼料杯裝水，則是要每天清洗，以免滋生細菌。飲用水要給煮過放涼的水，不要裝自來水給鳥飲用。

基本營養

營養品

食物種類

市售鳥食

餵食方式 幼鳥

餵食步驟 幼鳥

如何斷奶

餵食成鳥

3 準備盛裝青菜與水果的器具

不管是食穀鳥類或是鸚鵡,都會食用蔬果。日常提供蔬果給鳥兒時,可用飼料杯或購買專用的放置器具盛裝蔬果。由於蔬果含有較多的水分,食用完畢後馬上清洗,才不會讓細菌滋生和聚集果蠅,造成食物腐敗。

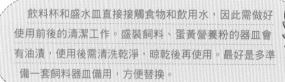

飲料杯和盛水皿直接接觸食物和飲用水,因此需做好使用前後的清潔工作。盛裝飼料、蛋黃營養粉的器皿會有油漬,使用後需清洗乾淨,晾乾後再使用。最好是多準備一套飼料器皿備用,方便替換。

 要如何改正成鳥撥弄飼料的習慣?

鳥兒會撥弄飼料表示在尋找牠想要吃的食物,另一方面也表示所給的食物過多了,而讓鳥兒出現只吃自己喜歡食物的行為。矯正的方式為只給予一天的食用量,若食物的供給是固定且挑撿食物就不夠食用的話,鳥兒就不會因為食物的供應充裕而養成偏食與撥料的壞習慣。

第 一 次 養 鳥 就 上 手

第6篇

日常照料與護理

鳥兒的生活環境、衛生管理全靠飼主打理。本篇從環境清潔、幫鳥兒洗澡開始介紹飼主平時應做的基本工作；溫度與氣候的急遽改變會讓鳥兒適應不良，為了鳥兒的健康，飼主應做好溫度管理，並讓鳥兒有足夠的運動量；針對飼養幼鳥的飼主，本篇也解說如何照顧幼鳥的原則和訣竅。

本篇教你：

☑ 清理環境

☑ 幫鳥洗澡

☑ 溫度管理

☑ 學會幫鳥修剪腳爪

☑ 讓鳥運動

☑ 學會照顧幼鳥

☑ 讓幼鳥學飛

環境清潔

鳥兒的飼養環境必須每星期清潔一次以保持環境衛生,乾淨的飼養環境可防止因髒亂所引發的疾病,讓鳥兒維持健康的狀態。每週一次的清潔工作包括清理鳥籠、飼養器具如食盆及水瓶、打掃鳥兒整體居住環境、替鳥兒定期洗澡,並替鳥兒驅除體外蟲等清潔工作。

清理鳥籠的步驟

鳥兒排泄的糞便和吃食的飼料殼或多或少會掉在底盤上,鳥籠也會沾到鳥兒活動時所掉落的鳥毛,鳥兒每日的飲水器也會髒污,因此至少每星期就要徹底清理、消毒鳥籠,以確保鳥兒居住環境的衛生無虞。

所需的清潔用具
●奶瓶刷　●貓砂鏟　●地板刷　●消毒水　●吸塵器　●洗碗精

 將鳥移出
清理鳥籠前,為顧及鳥兒的安全,避免鳥兒靠近吃到清潔劑,所以需先將鳥移出放在另一個小鳥籠裡,以便接下來的清理工作。

 取出底盤、棲木、飼料盒、飲水器
將鳥籠內的底盤、棲木、飼料盒、飲水器全部取出,準備清洗。

環境清潔

幫鳥洗澡

溫度管理

幫鳥修剪腳爪

適度運動

照顧幼鳥

Step 3 清理底盤

首先，清理底盤。如果底盤所鋪設的是珍珠貝殼砂或木屑貓砂，就必須用貓砂鏟鏟起髒污的墊料，並定期更換新的墊料。如果底盤因為鳥兒的糞便而沾黏到糞便潮濕的部分，可以用清水或消毒水噴灑，並用地板刷清洗。

Step 4 清洗鳥籠底網

鳥籠的底網會沾染鳥兒的排泄物，必須徹底清洗，才不會殘留髒污與味道。鳥籠的底網若是可拆式，就拆下清洗；如果鳥籠底網是固定式，就必須用刷子將附著在網子上的髒污清除。

Step 5 清洗棲木

鳥兒棲息的棲木在使用一段期間後也會有所髒污，如沾染排泄物等，為避免鳥兒的腳爪抓握與嘴喙啃咬棲木而接觸到污染源，因此棲木也應該清洗乾淨。

167

Step 6 消毒鳥的飲水器

鳥的飲水器除了需每日用洗碗精和奶瓶刷將附著在上頭的髒污清理乾淨外，亦應定期於每星期消毒一次。做法是先稀釋消毒水，以刷洗、浸泡或噴灑的方式將飲水器消毒，靜置十分鐘後再用清水沖洗乾淨。

Step 7 清理鳥毛與掉落的飼料殼

用吸塵器將鳥籠上及四周掉落的鳥毛和飼料殼吸除乾淨。

Step 8 更換新的墊料

將底盤均勻地舖上新的墊料。

Info* 清除鳥籠所躲藏的寄生蟲

　　如果鳥兒身上有外部寄生蟲，除了在鳥兒的身體噴上除蟲噴劑之外，鳥籠與四周環境也必須用消毒水和除蟲噴劑徹底清潔，才能完全消滅附著在鳥籠與環境周圍的寄生蟲。如果鳥籠放置在陽台可接觸到外來野鳥如麻雀的地方，這些野鳥會不斷地帶來外部寄生蟲，飼主必須替鳥長期且定期做體外除蟲。

鳥兒的清潔

定期幫鳥兒洗浴可以保持鳥兒羽毛的潔淨，清除身上的寄生蟲，保持鳥兒的健康。如果鳥兒不洗澡，會因為沾染上環境中各種不潔的污染物，而在整理羽毛時誤食。由於不是所有的鳥兒都喜歡親近水，幫鳥兒洗澡時，可選擇用噴霧器噴水或提供澡盆讓鳥兒自行洗浴的方式擇一進行。洗浴後會使鳥的體溫降低，雛鳥和育雛期的成鳥均不宜洗澡，以免因為失溫而生病致死。

環境清潔 幫鳥洗澡 溫度管理 幫鳥修剪腳爪 適度運動 照顧幼鳥

替鳥兒洗澡注意事項

● 盡量選擇天氣炎熱晴朗的時候替鳥兒洗澡。鳥的羽毛沾濕時會因無法保暖而失溫，洗澡水需準備溫水，不管天氣再冷，也不能用熱水幫鳥洗澡。鳥羽上有保護身體的油脂，一旦水溫過高，會洗去羽毛上的油脂，使鳥無法保暖而生病。
● 不宜用人類專用的洗髮精或肥皂替鳥洗澡，會洗去羽毛上的保護油脂，只需使用微溫的清水或鳥兒專用沐浴粉即可。

幫鳥兒洗澡step by step

第一次幫鳥洗澡，有些鳥兒可能會因為不熟悉被水潑濕的感覺而感到害怕驚慌，因此可先將鳥兒放在鳥籠裡以免鳥兒飛走，並利用噴霧器輕輕地對鳥兒進行較溫和的清潔。清潔完之後，必須盡快將鳥兒的身體羽毛弄乾，以免鳥兒感冒。

Step 1 | **準備洗澡水**

在噴霧器裡裝入微溫的水，倒入鳥兒專用沐浴粉於水中溶解後，混合均勻。

Step 2 用噴霧器對鳥腳噴水

鳥兒初次洗澡時，為減低對水的畏懼感，可先用噴霧器噴水鳥兒的腳上，讓鳥適應。如果因為怕水或是調皮會亂跑的鳥兒，洗澡時可將鳥兒放在一個較小的籠子裡。

Step 3 進行噴霧

替鳥噴霧時，可將噴霧器的噴頭往上噴，讓霧氣可以降落時自己灑在鳥兒的身上，讓鳥兒不會感到恐懼。

Step 4 直接噴水

進行噴霧幾分鐘之後，有些鳥兒會愈來愈興奮，並主動張開翅膀，這時可以對著鳥兒的翅膀下方噴水，噴灑時留意不要讓水噴到鳥的鼻子和眼睛裡，當鳥兒全身都沾滿水時，就可以不用再噴了。天氣冷時，讓身體表面微濕即可，而天氣炎熱時，可以讓鳥的身體裡外都洗徹底一點。

Step 5 弄乾鳥的身體

洗好澡後，用毛巾將鳥兒全身擦乾，再用吹風機替鳥兒吹乾。

你也可將鳥放在鳥籠裡，利用陶瓷電暖器不斷吹出的熱風，將鳥兒吹乾。但要注意，鳥籠要和電暖氣保持適當的距離，並全程於旁邊監看，讓鳥兒不至於過熱，吹到幾乎全乾時就可以把電暖氣關掉。

注意溫溼度及氣候的變化

環境清潔

幫鳥洗澡

溫度管理

幫鳥修剪腳爪

適度運動

照顧幼鳥

鳥兒對於天氣的變化相當敏感，尤其是幼鳥、亞成鳥以及剛進口的鳥兒身體的抵抗力較差，若天氣短期間起劇烈變化，如下雨、溫度驟降時，輕則易引起食慾降低，重則感冒；成鳥抵抗力較好，但如果天氣變化劇烈，如溫度驟降，下豪大雨或過於炎熱時，也必須多加注意。

因此，平日應留心天氣預報，在天氣即將變化時就先做好準備。羽毛未長齊的幼鳥尤其需注意保暖，日常的溫度管理如下：

幼鳥的溫度管理

過冷	最適溫度	過熱

28℃   32℃

過冷時注意事項

- 平時若是天氣炎熱，一般不會替幼鳥做保溫，但在天氣將起變化如下雨時，務必記得在鳥籠裡加裝保暖燈泡，維持幼鳥所需的溫度，並降低濕氣。
- 幼鳥長大後的第一個冬天，必須注意天冷時鳥兒的健康狀況。

適溫時注意事項

- 對幼鳥而言，最適合的溫度是28℃～32℃。
- 放置幼鳥的寵物箱，位置應遠離門窗，最好放在書櫃裡或是外面再加一個紙箱。
- 不要把寵物箱放在地板上，因為地板的溫度比較低也比較潮濕。

過熱時注意事項

- 天氣炎熱時，就必須使用溫度計測量寵物箱的溫度，若是已超過33度以上就得將保溫燈泡關掉。
- 當觀察到幼鳥將嘴喙張開不停喘氣，則表示寵物箱溫度過高而幼鳥因過熱而有緊迫現象，必須將寵物箱保溫燈泡關掉。

成鳥的溫度管理

過冷　　　　　　　最適溫度　　　　　　過熱

20℃　　　　　　　30℃

過冷時注意事項

● 養在戶外的鳥，冬天要提供一個可以遮風避雨的地方，像是巢箱、稻草窩，或是把鳥籠放在可以擋風的地方。

適溫時注意事項

● 對成鳥而言，最適合的溫度是20℃～30℃。

● 放置成鳥鳥籠的地方為無強風或冷風直接吹襲，且通風良好，並且無烈日直射處，以免成鳥感覺過冷會是過熱。

過熱時注意事項

● 夏天時不要讓鳥一直曝曬在大太陽底下，需將鳥籠放在有陰影的地方，或是用紙板將鳥籠蓋好，以免鳥兒中暑。

Info* 鳥兒可以待在冷氣房裡嗎？

　　在自然的環境下，最適合成鳥的溫度在於20℃～30℃之間。健康強壯的成鳥，可以跟主人一起待在冷氣房裡，但冷氣溫度必須不能低於28℃，風量必須調到最小。如果要把幼鳥連同寵物箱放在冷氣房裡，就要有加熱裝置，將溫度維持在30℃以上。鳥兒放在冷氣房裡時，不能直接對著冷氣的出風口，另外在鳥睡覺的時間，也不要讓鳥待在冷氣房內。

替鳥兒修剪腳爪

環境清潔

幫鳥洗澡

溫度管理

幫鳥修剪腳爪

適度運動

照顧幼鳥

鳥兒的腳爪會不斷地生長，平常若沒有提供天然棲木或磨爪棲木給鳥兒磨爪，爪子的尖端就會愈來愈長，也愈來愈尖銳。過長過尖的腳爪會妨礙鳥兒的活動，造成無法站穩棲木，甚至勾住鳥籠後無法動彈。和飼主互動時，也容易抓傷飼主的手、勾纏到衣物、頭髮。當有上述情形時，就必須幫鳥兒修剪過長的腳爪。

替鳥兒修剪腳爪基本原則

當飼主決定幫鳥兒修剪腳爪時，必須留意以下基本原則，因鳥的腳爪內有血管分布，修剪過程中一旦不小心傷到血管，就會造成大量流血。

① 必須有修剪經驗的老手在旁協助

幫鳥兒修爪必須先牢牢固定住鳥兒的身體，不管是身體被人握住，或腳爪被修剪，鳥兒都會因不習慣而掙扎，此時就必須有經驗的人從旁協助，幫助穩定鳥兒，才能順利進行修剪工作。

② 使用適當的工具

替鳥兒修剪指甲時可選擇人用指甲剪、貓狗用指甲剪。因為部分中型鳥及小型鳥的腳爪較細小，因此適合使用刃隙較小的人用指甲剪。而部分中型鳥及大型鳥的腳爪較粗大，因此適合使用刃隙較寬的貓狗用指甲剪。

③ 只需修剪腳爪尖端及過長的部分，避免剪到血管

鳥兒的腳爪大部分都布滿血管及神經，只有過長的部分以及尖端一小截沒有血管及神經。因此可修剪的地方為沒有血管、神經的爪尖，以免造成鳥兒流血和疼痛。

④ 修剪中可適度讓鳥休息

如果因修剪時，鳥兒因為緊張而讓過程不順利，適度將鳥放下休息再進行修剪，讓鳥兒腳爪放鬆，以便修剪更加順利。

修剪腳爪部位示意

鳥兒腳爪裡面布有血管跟神經，只有尖端一小部分沒有，因此修剪腳爪時，可照圖示畫線的地方修剪。

before

after

修剪分為兩種：

1. 腳爪長度正常但腳爪過尖，只需修剪腳爪過尖處約0.1公分。

2. 如果腳爪過長，則須修剪腳爪長度超過180度的部分。

Info★ 如何固定鳥兒？

　　當需捉鳥進籠、驅蟲、餵藥、剪腳爪等情況，都需固定鳥兒，才能使工作順利進行。

小型鳥及中型鳥的徒手固定法

　　用拇指及中指托住鳥兒的兩邊下顎，食指按壓住鳥兒的頭頂，無名指跟小指握住鳥兒的身體，固定好之後，盡快進行修剪腳爪。修剪時，可將鳥的頭部往上直立，但不要將鳥的腹部朝上，如此鳥兒會不斷地掙扎。

中型鳥及大型鳥的徒手固定法

　　用拇指及中指托住鳥兒的兩邊下顎，食指按壓住鳥兒的頭頂。無名指跟小指握住鳥兒的身體。因中大型鳥的體型較大，無法使用單手握住大部分的鳥體，所以必須用另一隻手抓握鳥兒的雙腳，以利固定。同時必須將鳥的頭部往上，降低鳥兒的掙扎程度。

各種鳥兒的毛巾固定法

　　將毛巾覆蓋在鳥兒身上，並配合以上的兩種徒手固定法來固定鳥兒。使用毛巾可防止鳥兒掙脫而咬到手。

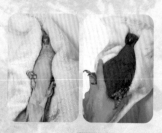

修剪指甲step by step

Step 1 固定鳥兒

請旁人協助固定鳥。可先用毛巾覆蓋包裹鳥兒部分的身體,並固定頭部身體及腳部以免掙扎。

Step 2 抓住鳥兒的腳

先抓好鳥兒的一隻腳,如果鳥兒的四根腳爪呈現分開的狀態,表示鳥兒處於放鬆的狀態則可以進行下一步;如果鳥兒很緊張,腳爪緊握成拳狀而無法進行修剪時,可以先讓鳥兒放輕鬆,如放開鳥兒一段時間再重新固定,再繼續下一步驟。

Step 3 小心修剪

修剪前先固定好欲修剪的那支腳,如果無法確認修剪的長度,可先修一點點,確認鳥兒沒有流血再修一點點。其他腳爪也是一樣如此進行。

Step 4 確認有無流血

修剪完後,請確認修剪處沒有流血,才可將鳥放開。如果流血了,可擦上動物專用止血粉或是用吹風機吹流血的地方,讓血液凝結後,再將鳥放在小籠內。盡量讓鳥不要有太大的活動空間使鳥兒保持冷靜,就可防止鳥兒因活動加速血液循環而難以止血。

環境清潔　幫鳥洗澡　溫度管理　**幫鳥修剪腳爪**　適度運動　照顧幼鳥

適度運動

鳥兒在野外生活時，每天皆須飛行覓食，運動量已足夠，而飼養在家的鳥兒已不須自行覓食，再加上如果鳥兒平常是關在籠內，運動的機會更少了，因此更需要飼主提供鳥兒適度運動的時間。運動量不足的鳥兒容易產生肥胖、免疫力下降等健康問題；心理上也會因無適當發洩而造成心理不健全，而出現咬毛自殘的情形。

鳥兒的運動飛行的做法與注意事項

為了鳥兒的身心健康，每天都要讓鳥兒出籠自由飛行與活動，活動時的注意事項如下：

1 活動時間不要固定

放鳥兒出來的活動時間不可以太固定，以免鳥兒養成習慣，時間一到，就吵鬧著要出來玩。

2 讓鳥自由活動

有些鳥兒一出鳥籠會想要先飛一陣子。此時，你可讓鳥先自由地活動，不去干涉牠，等鳥飛累了，再跟鳥玩。

3 活動期間應避開煮飯和用餐時

鳥兒的運動時間要避開煮飯及用餐時間，一方面顧及鳥兒的安全，再者讓鳥兒不會想要搶吃人吃的食物，人吃的食物大部分都不適合鳥兒。

環境清潔

幫鳥洗澡

溫度管理

幫鳥修剪腳爪

適度運動

照顧幼鳥

4 盡量讓鳥兒獲得足夠運動

如果鳥兒在運動時間並不太想動、也不飛行，就必須想辦法讓鳥兒活動，以維持足夠的運動量。例如走離鳥兒一段距離，叫鳥兒的名字讓牠飛過來找你，或是拿球在地上滾，激起鳥兒好奇心去追。

5 留心不要踩到或壓到鳥兒

鳥兒有可能會在地上活動或跟著主人後面走動，這時要注意不要踩到或壓到鳥兒。

回去！

6 讓鳥回籠的用語不要固定

當運動時間結束時，想讓鳥兒回籠時，此時對鳥兒說話的用詞不要固定，以免鳥兒聽到同樣的字眼就知道要回籠，會躲避或是飛到高處不願意下來。

Info 觀察鳥兒的體力是否負荷運動量

如果鳥兒在大量飛行運動後，發生張嘴喘氣的現象，表示鳥兒的體力還不是很好，無法負荷這樣的運動量。如果想讓鳥兒鍛鍊體力，可將飛行時間的長短可以慢慢往上調，讓鳥兒多多練習一段時間後，鳥兒的體力會增強，身體的肌肉比例還會增加，體魄更健美。

幼鳥的照護原則

幼鳥不比發育已經成熟的成鳥,餵食和照顧上都需特別費心照應。若是斷奶前仍須餵食的雛鳥,飼養難度更高,因此建議入門者,最好購買剛斷奶的幼鳥,或是挑選約四星期以上大小的幼鳥,照料起來較為輕鬆,幼鳥的存活率較高。為了掌握幼鳥的成長狀況,飼主應記錄幼鳥的成長狀況,留心每日的食慾和行為是否異常,當幼鳥的羽毛長齊開始學飛時,飼主應做的就是營造安全的環境,幫助幼鳥順利學習。

讓幼鳥健康成長原則

環境部分

溫度
幼鳥的毛尚未長齊,不能透過羽毛保溫,因此幼鳥居住的寵物箱溫度需維持在28～32℃左右,幫幼鳥準備的寵物箱不需大,也不能讓幼鳥吹到風,以免因無法保溫而生病。

墊材
寵物箱底部的墊材必須每餐餵食之後更換,潮濕的墊材會讓幼鳥身體因失溫而生病。

居住空間
若一次飼養多隻幼鳥,應讓每隻幼鳥住在獨立的寵物箱內,若多隻混養在同一個寵物箱內,當一隻幼鳥生病時,會迅速傳染給其他幼鳥。

日常觀察與照顧部分

餵食
台灣的氣候較為炎熱且溼度很高,所以餵食幼鳥的營養素,開封之後一定要放在冰箱裡,以免滋生黴菌。

觀察食慾與行為
從幼鳥的食慾和行為可以判斷幼鳥是否健康,因此,應每天觀察。當幼鳥的食慾減退、吞飼料的速度減慢、叫聲變小、眼神呆滯、體重變輕時,就可能意謂著鳥兒可能生病,此時必須帶鳥兒到鳥醫院檢查。

觀察排泄物
觀察幼鳥是否健康的另一項重要指標就是排泄物。健康的排泄物應該成型、且相似於幼鳥飼料的土黃色,飼主應每天觀察幼鳥的糞便,若有異狀如拉稀或是顏色改變則須馬上就醫。

環境清潔

幫鳥洗澡

溫度管理

幫鳥修剪腳爪

適度運動

照顧幼鳥

記錄幼鳥的生長情況

幼鳥從剛孵化到羽毛長齊，生理上的特徵、外表會起很大的變化，透過替幼鳥做成長記錄、觀察幼鳥的成長情形，可以精確掌握幼鳥的成長是否順利。

雛幼鳥的成長階段與發育特徵

Stage 1
剛孵化時期

這段時期是雛鳥剛從蛋裡面破殼而出，全身無羽毛覆蓋，且尚未睜眼。
這種剛孵化的雛鳥，非常不適合新手飼養。只有親鳥或是專業繁殖者才有高超的技巧來養活這種剛孵化的雛鳥。

Stage 2
體格發育時期

此時期的雛鳥眼睛已經張開，此時，雛鳥的體重會大幅增加，身體也會急遽生長，身上尚未冒出羽管，這段時期雛鳥除了吃以外，就是睡覺。

Stage 3
羽管生長時期

當幼鳥長到一定大小後，此時身體表面會開始冒出一根根如管狀的羽管，大小不一，羽管裡面包覆著鳥類的羽毛。這時幼鳥看起來會有如刺蝟一般。

Stage 4
羽毛生長時期

當幼鳥身上的羽毛慢慢地生長，羽毛尖端突破羽管末端，就會伸展開來。
這時期的幼鳥開始會自行整理羽毛，並且會觀察四周，看到餵食的器具及飼料會有興奮的反應。

Stage 5
獨立前期

這段時期就是鳥兒將要自行獨立進食、會飛行之前的時期。全身羽毛都幾乎已經長齊，外表看起來和成鳥差不多。鳥兒也會開始啃咬一些飼料、水果，並可站上棲木，活動攀爬也漸漸靈活。鳥兒已可分辨飼主及外人，過了這階段，幼鳥可以自行進食並獨立。

記錄幼鳥的成長狀況

幫幼鳥做體重管理可以掌握幼鳥每日的成長情形，做記錄時，必須先準備一個精準的電子秤，透過每天第一餐的餵食前測量體重、做記錄，從體重的增減，加上觀察鳥兒的外表變化，可做為飼主評估鳥兒是否順利成長的指標之一。

幼鳥的名稱：　　　　　　　　　鳥種：　　　　　　　　性別：

出生日期

腳環編號

記錄日期	出生天數	空腹體重	第一次餵食量	第二次餵食量	第三次餵食量	第四次餵食量	其他與觀察

Info★ 新手最好飼養已經斷奶的幼鳥

為了和鳥兒培養感情，有人會認為鳥兒從剛孵化就開始養，鳥兒就會比較乖順、親近人。事實上，和幼鳥培養感情的最佳時期是幼鳥長羽時，因此時的幼鳥已可開始辨認主人的外型、聲音。而新手的飼育經驗不足，最好是從已經斷奶的幼鳥開始養起，就算鳥兒已經斷奶，都可藉由與鳥兒長時間的互動而讓鳥兒認得主人，進而和主人有親密的互動。

如何教幼鳥學飛？

當幼鳥全身羽毛長齊後，就有搧動翅膀的行為，此時，就是可以讓鳥兒學飛的時機。飛行是鳥兒的天性，學會飛行得靠鳥兒自身的練習，飼主能做的就是替鳥兒營造安全的環境，並從旁協助、鼓勵。

讓鳥學飛前的注意事項

1　門窗需關好

讓鳥學飛時，必須緊閉門窗，雖然鳥兒只是學飛，但有可能一不小心就從家裡飛出去。

2　尖銳的東西需收好

鳥兒在學飛階段，因技巧尚未純熟，常會掉下來，因此鳥兒練習時，需將家裡所有尖銳的東西都收起來，當鳥兒掉下來時，也不至於刺傷。

3　房間牆壁四周放置衣服或毛巾

在房間沿著牆壁的地板四周，放置一些衣服毛巾等等，當鳥兒撞上牆壁而掉下來時，可以降低受傷的機率。

4　學飛場所避免有透明玻璃

學飛的地方避免有過於透明的玻璃，以免鳥兒一頭撞上而腦震盪。

多數的鳥兒如中型以上的鸚鵡，比較容易抓住飛行的訣竅，很快就能學會轉彎及降落的動作。不過也有例外的，像是雞尾鸚鵡初學飛行的能力較差，常會撞到牆壁，得撞壁數次後，才能慢慢自在地飛行。

教幼鳥學飛

教導幼鳥學飛時，需有時間讓鳥適應，經由一次次的練習，幼鳥會掌握到飛行的技巧和訣竅。

 練習拍翅

剛開始時，鳥兒一出寵物箱或鳥籠會用力拍翅膀，初期可能腳並不會離地，或只是離地幾公分而已，看起來有點像是在地板上滑翔一樣。

> 鳥兒在主人手上時，會抓著主人的手用力地拍翅膀。藉由這個動作，幼鳥可以感受飛行的感覺。

 嘗試飛行

接著，鳥兒會開始嘗試飛到較高的地方，或是一直往主人身上飛去。這時，有些鳥有可能在飛行或降落時，因對不準而撞上牆壁或物品。

 練習轉彎

鳥兒會開始試著學習轉彎飛行，或是試著從高處往下飛。有些鳥兒停在高處後，會感到有點害怕而不敢往下飛，這時主人可叫牠的名字，或是手上拿一些鳥兒喜愛的東西，誘導鳥兒飛下來，當鳥兒飛下來就要獎賞牠。

Info* 練習飛行的耐力及距離

鳥兒開始學飛時，因為不熟悉如何使用翅膀，所以飛行的距離往往不長。主人可以將鳥兒放在前面一小段距離，把手放在鳥兒的面前，呼喚鳥兒飛過來。幾次之後，再慢慢增加主人跟鳥兒間的距離，使鳥兒對飛行漸漸熟練，而且會比較有耐力。

環境清潔

幫鳥洗澡

溫度管理

幫鳥修剪腳爪

適度運動

照顧幼鳥

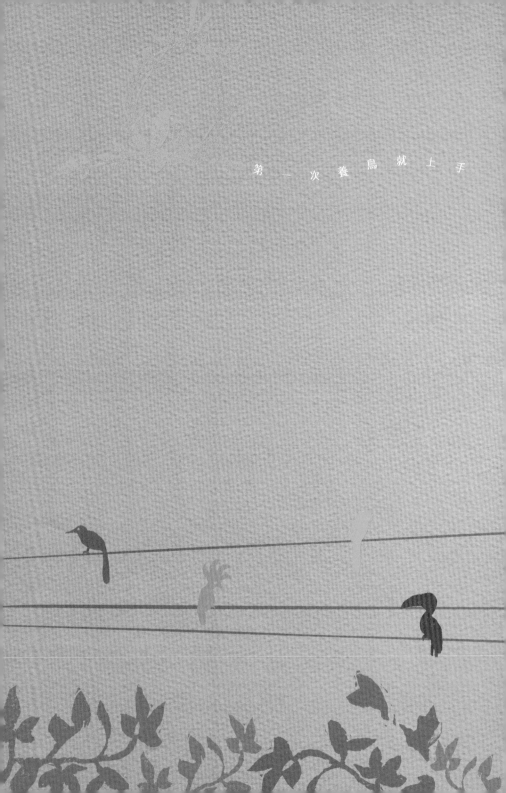

第一次養鳥就上手

第 7 篇

鳥兒的天性與基本訓練

了解鳥兒的行為，懂得鳥兒的肢體語言，會讓你養鳥的時候，即使無法和鳥兒對話也可以理解鳥兒的意思。有時，鳥兒行為上也會有偏差的時候，這時你就要加以矯正，並且訓練鳥兒學會一些基本動作，有助於你和鳥兒的互動。

此外，帶鳥外出活動時，需做好準備工作，如防止鳥兒因不小心而飛離、降低運輸途中鳥兒的緊迫感……等，這些都有賴於飼主的準備與防範。若你需出遠門時，如何提供鳥兒妥善的照顧，本篇都有因應的照顧方式。

本篇教你：

☑ 清認識鳥兒的習性　　　☑ 上手訓練

☑ 看懂鳥兒的肢體語言　　☑ 訓練鳥兒聽口令排泄

☑ 鳥兒成長階段的行為變化　☑ 教鳥說話

☑ 如何和鳥玩遊戲　　　　☑ 預防鳥兒飛走

☑ 認識鳥的偏差行為　　　☑ 鳥兒走失怎麼辦

☑ 如何親近新來的鳥兒　　☑ 帶鳥出門及旅行

鳥兒在野外的行為

生活在自然棲地當中的鳥兒，為了生存、繁衍而演化出能適應自然界的行為，即便飼養在家中的鳥兒也仍保有這些自然本能，如喜歡在清晨與傍晚時鳴叫、喜歡啃咬的本性、喜歡停在高處躲避天敵的本能、理羽的習慣……等，了解鳥類的自然習性，才能順應鳥兒的本能提供所需、以及與鳥兒和平共處。

鳥兒的自然習性

了解鳥兒因天性所表現的行為，提供鳥兒所需引導鳥兒有正確的行為，主人可因此跟鳥兒有良好的互動，讓鳥兒生理心理都健全。

❶ 因應生理時鐘而鳴叫

就如同所有的日行性生物一樣，鳥兒在白天活動，在清晨和傍晚的時候特別喜歡鳴叫，因此你會發現有些飼養在家裡的鳥類，在清晨和傍晚時會很興奮地鳴叫，這是鳥類的本能。

❷ 因覓食習性而發展的啃咬習慣

鳥類在野外，天生就會充分利用嘴喙來摘取果實、夾取昆蟲、探索新事物，飼養在家中的雀鳥或鸚鵡也會本能地用嘴喙接觸、啃咬感興趣的物品，所以，飼主應提供玩具供鳥兒啃咬，滿足其習性。

❸ 交配繁殖的本能

為了繁衍下一代，鳥兒在野外會利用自然的材料築巢，或是在樹洞裡面繁殖。想要繁殖鳥兒時，也必須順應鳥兒的繁殖習性，提供稻草巢、木箱或原木巢箱，才能順利繁殖。

自然習性
肢體語言
玩遊戲
偏差行為
親近新鳥
上手訓練
聽口令排泄
學說話
預防飛離
如何尋鳥
外出活動
安排寄宿

4 喜停高處躲避天敵

鳥兒在野外有眾多的天敵，尤其是在地面上，鳥兒毫無防禦能力，因此，鳥兒會盡量遠離地面，有狀況發生時可以馬上飛離以躲避天敵。家中的寵物鳥也會停在高處，有時飛到人的頭頂或站在窗簾上，這些都是天生的避敵行為。

5 理毛是鳥兒的天性

鳥類的羽毛保護鳥兒的身體，有如鳥兒的防水外套；羽毛也讓鳥兒擁有飛行的能力，因此鳥兒會花很多時間來整理自己的羽毛，讓羽毛平順。

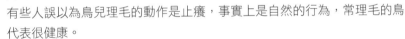

而在野外，鳥兒整理羽毛還可以驅除一些外在的寄生蟲。因此理毛對鳥很重要。

有些人誤以為鳥兒理毛的動作是止癢，事實上是自然的行為，常理毛的鳥代表很健康。

6 啄食砂礫、取食黏土的習慣

生活在野外的鳥兒有時會到地面上啄食一些小石頭、砂礫；亞馬遜河流域有些鸚鵡，例如金剛鸚鵡、藍頭鸚鵡會取食山壁上的黏土。前者是利用砂礫在胃部幫忙磨碎食物，後者則是利用黏土來中和果實裡微毒的化學物質。此外，石頭和黏土也能替鳥兒補充些許礦物質。要是家中的鳥兒一直在地上啄東西，表示鳥兒缺乏一些礦物質及砂礫，必須補充，而金剛鸚鵡所喜愛的黏土也可在市面上買到相關產品。

觀察鳥兒的肢體語言

鳥兒雖然不會透過言語與人溝通，但鳥會經由肢體動作、叫聲、眼睛瞳孔的縮放傳達情緒，表達內心想法。

看懂鳥兒的肢體語言

鳥兒的肢體動作都透露著意義，理解了鳥兒的肢體語言，才能掌握鳥兒的情緒，適時地給予回應。

行為含意 1 威嚇

鳥兒的眼睛瞳孔縮得很小，或是一縮一放，嘴喙張開發出喝的聲音。

行為含意 2 防禦

身體打直稍微往後傾，全身羽毛緊縮，單腳舉起。

行為含意 3 希望主人摸頭

頭部低下，頸部羽毛蓬鬆。

行為含意4 興奮、急躁

看到主人出現時，展開翅膀，不停地在鳥籠前走來走去，甚至會用跳的，可能是急著想要主人放他出來玩，或是想要主人餵食。

行為含意5 有安全感

在野外，鳥兒不可能把最脆弱的腹部直接露出來。當鳥兒願意露出脆弱的腹部躺著玩時，表示對飼主充滿著信賴感和安全感。

行為含意6 無聊

當鳥兒用單腳抓著頭，動作緩慢，而眼睛是閉著時，表示牠很無聊，看有沒有人要跟牠玩或是新鮮事。

Info* 鳥兒對飼主吐料表示喜歡飼主

有時你會看到愛鳥突然出現類似嘔吐的頭部扭動動作，把剛才吃下的食物吐出來並靠近你的臉想要餵你，這時不要誤會鳥生病了。這是鳥類喜歡對方而表現出來的吐料行為，想要把食物當做禮物送給喜歡的對象，尤其在繁殖期，這種行為會特別明顯。

自然習性
肢體語言
玩遊戲
偏差行為
親近新鳥
上手訓練
聽口令排泄
學說話
預防飛離
如何尋鳥
外出活動
安排寄宿

鳥兒在各成長階段的行為變化

鳥兒在各成長階段過程中，行為上都有各階段的不同之處。尤其是天天相處的寵物鳥，各年齡階段的行為變化，主人更可以感受到不大相同。

幼鳥期及亞成鳥期的鳥特別活潑搗蛋，成鳥後，鳥的個性就會較為穩重。

 幼鳥期 | **行為表現** | 這時期的鳥兒年紀較小，通常不是吃飼料就是睡覺，對於餵食的人稍有模糊的認知，如果突然換人餵食，有些鳥兒剛開始時會不太適應。

 亞成鳥期 | **行為表現** | 鳥兒開始有自己的想法，並想取得領導優勢，如喜歡站在主人頭上。此時的鳥兒很調皮，活潑好動，喜歡鳴叫，有時也不想聽主人的話、我行我素。

 成鳥期 | **行為表現** | 鳥兒個性漸漸地較為穩重，跟主人的感情更上一層樓。調皮搗蛋的時候漸漸減少，生活習慣慢慢固定下來，也比較不會亂叫。

 繁殖期 | **行為表現** |
- **單隻飼養的鳥兒**：鳥兒會對主人表現出求愛示好的行為，例如想要吐料給主人吃，並且會更黏著主人。
- **配對的鳥兒**：進入繁殖期時，會較具攻擊性，對靠近巢箱的飼主產生威嚇行為。

 老鳥期 | **行為表現** | 鳥兒的活力會漸漸衰退，想要飛行的時間減少，睡覺的時間拉長。鳴叫的時間也會減短。

Info* 亞馬遜鸚鵡在繁殖期的攻擊行為

很多人相信網路上的資訊，誤以為凡是手養長大的亞馬遜鸚鵡都會在繁殖期時攻擊主人，事實上，這是指已經配對的亞馬遜鸚鵡在繁殖期的行為而言。如果只養單隻亞馬遜鸚鵡，牠會將主人當成伴侶看待，並不會無緣無故攻擊主人，但如果飼養的是已經配好對的亞馬遜鸚鵡，就要注意繁殖期時，鳥兒是否較具攻擊性。

如何和鳥兒玩遊戲？

自然習性

肢體語言

玩遊戲

偏差行為

親近新鳥

上手訓練

聽口令排泄

學說話

預防飛離

如何尋鳥

外出活動

安排寄宿

鳥兒最重要的伴侶就是主人了。每天抽空和鳥兒互動、玩遊戲，可讓鳥兒的生理、心理均獲得滿足。和鳥兒玩遊戲不但可以讓鳥兒出籠活動、消耗體力與消磨時間，在與鳥兒互動的過程中，可以和鳥兒培養感情，增進鳥兒對飼主的信賴感。如果是飼養成鳥，由於缺乏從小的互動過程，更需要花時間互動，若是與鳥兒的互動不足，鳥兒也不會親近主人。

適合和鳥兒玩的八種遊戲

鳥兒喜歡的是與飼主之間的互動過程，不管是市面或自製的小玩具，都可以讓鳥兒玩得開心。

① 滾乒乓球

有些鳥兒對於會滾動的東西相當好奇，如滾乒乓球鳥兒會有興趣，有時還會用嘴啄去推乒乓球，或是用腳去抓。簡單的滾乒乓球遊戲可以讓鳥兒獲得很大的滿足。

② 移動原子筆桿、吸管、小木棍等條狀物品

鳥兒也很喜歡原子筆桿、吸管、小木棍等條狀物品，可取之與鳥互動。

③ 照鏡子

鳥兒對於鏡子中的影像會很好奇，表情也顯現出困惑的樣子。偶爾讓鳥兒照照鏡子，牠會跟鏡中的自己玩得很開心。

④ 爬木製小樓梯

登高望遠也是鳥兒很喜歡做的事情之一。有些鳥兒喜歡爬樓梯，拿鳥兒專用的木製小樓梯，讓鳥兒口腳並用，爬爬高以玩樂。

⑤ 拔河

你也可以跟鳥兒假裝拉扯比力氣。拿鳥兒喜歡的物品，讓牠咬住一邊，你從另一邊抓著鳥兒的物品，故意不給牠。有時假裝讓鳥贏，有時讓牠輸，最後可以把物品放開，讓鳥兒拉贏，這時鳥兒就會玩這個物品，很珍惜地玩很久。

⑥ 猜猜看

把鳥兒喜歡吃的飼料握在手裡，讓鳥兒猜猜看飼料藏在那隻手裡。

⑦ 紙軸

有些家用品像是捲筒衛生紙、垃圾袋、傳真紙等中心有紙軸，把紙軸保留下來，就可以讓鳥啃咬、甚至躲藏，可大大滿足鳥兒愛咬的天性。

⑧ 捉迷藏

鳥兒喜歡跟隨主人，有時看不到主人就會急著要尋找。你可以把鳥放在房間裡，人走到另一個房間，叫鳥兒的名字，鳥兒就會想辦法飛來找你。這也是讓鳥運動的方式之一。

Info* 鳥兒也有占有慾

　　有些鳥兒會保護自己的玩具，連主人要碰、要拿都不行，甚至有些鳥兒會把鳥籠當做自己的領域，不喜歡別隻鳥進入。所以，如果鳥看到你拿他的玩具會咬你，想要你放開，並不算是異常的行為。

鳥兒的行為偏差怎麼辦？

自然習性
肢體語言
玩遊戲
偏差行為
親近新鳥
上手訓練
聽口令排泄
學說話
預防飛離
如何尋鳥
外出活動
安排寄宿

鳥兒原本生活在野外，仍保有自然習性，當人們飼養後，因人為或鳥兒自身習性使然，而讓鳥兒產生令人困擾的偏差行為，這就必須矯正。常見的偏差行為包括偏食、亂叫、咬人等，多因飼主照顧上疏於留意才使鳥兒產生行為偏差，飼主應做好事先防範，好過事後的行為矯正。因為當偏差行為發生時，通常已經給飼主帶來困擾，鳥兒也已經受到實質的傷害，如因偏食造成的營養不良等。

鳥兒常見的偏差行為

以下的偏差行為常見於飼養在家中的寵物鳥，主人，不應隨意縱容鳥兒，才不至於讓鳥兒產生問題行為。若已經產生偏差行為，透過下列的技巧可使行為獲得一定程度的矯正。

❶ 打翻飼料碗

有些大型鸚鵡會把鋼碗從碗架上拔起來打翻，而將飼料潑灑四處。常見於大型鸚鵡，中小型鸚鵡力氣不夠，較少有這種情況。

原因 鳥兒會觀察主人如何把碗拿起來，並且很快就知道訣竅。當盆子裡面的飼料剩下鳥兒不愛吃的種類、或是想引起主人的注意時，就會把飼料碗翻倒。

矯正方式 使用智慧型翻不倒的碗。如Crock這種無法拔起打翻的飼料盆。矯正成功率100%。

預防方法 直接使用智慧型翻不倒的飼料碗。

❷ 偏食

鳥兒若只是吃單種穀物，如只吃葵花子，也不吃任何一種蔬果，所提供的飼料加蔬果加起來會吃的種類低於三種，那鳥就是嚴重的偏食。

原因 提供太多飼料以至於鳥兒只選自己喜歡的飼料、斷奶時只吃葵花子、以及在鳥兒自行學吃時只提供單調的飼料等，都可能造成鳥偏食。

193

矯正方式 矯正時機必須在鳥兒健康時，並循序漸進，以免緊迫而生病。矯正成功率80～90%。

● 飼料給予適量，讓鳥兒不會將沒吃完的飼料亂灑。

● 飼料沒有吃完八成以上不再添加。

● 早上提供的飼料裡，只給鳥兒挑嘴不吃的東西，傍晚時再加少量鳥兒愛吃的飼料。

預防方法 矯正時機必須在鳥兒健康時，並循序漸進，以免緊迫而生病。

● 幼鳥斷奶時，提供滋養丸和水果。

● 幼鳥的挑食習慣多是從小養成，為避免購買回來的幼鳥已經養成挑食習慣，應在會提供多種飼料給幼鳥食用的店家購買幼鳥，幼鳥才不容易養成挑食的毛病。

❸ 亂叫

只要鳥兒看不到主人就一直叫，直到主人出現為止。或是希望主人可以讓牠出籠子玩時，也會用叫聲引起主人的注意。

原因 當鳥兒感到無聊、肚子餓、想出籠玩耍時都會鳴叫。自然習性使然的鳴叫則多半在清晨或傍晚時鳴叫。

矯正方式 矯正成功率70～90%。

● 當鳥以叫聲吸引主人注意時，完全不要理會，就連罵牠、看牠一眼都不行，當做沒有聽見，持續兩星期之後，會慢慢地見效。而當鳥兒安靜時，就可以接近牠，讓牠出來玩。如此一來，鳥兒發現叫你不會來，也就不會用此方式來引起你的注意力。

● 如果鳥兒是在清晨和傍晚會叫時，可以在晚上睡覺前，用布蓋著鳥籠，或是把鳥所在的房間拉上窗簾，可以讓鳥兒不會看到早晨的陽光而亂叫。

預防方法 為避免鳥兒亂叫，必須記住，鳥兒就像小孩，會吵的小孩有糖吃，所以不要過度寵鳥兒，讓鳥兒覺得只要吵鬧就可以讓主人替牠做所有的事情。

> 大部分的鳥種都可以經由教導而不會亂咬人，少數鳥種天性好咬，無法改變。

④ 咬人

當鳥兒會用力咬著飼主的手指時,或啃咬的力道大到被咬的地方見血時。

原因 鳥兒在野外常會用嘴巴探索事物,所以在人為飼養下,自然而然地也會用嘴喙東咬咬西碰碰。鳥兒並不是有意要咬人,但如果主人並沒有及時矯正鳥兒咬人的行為,或是任憑鳥兒亂咬,鳥兒誤以為主人准許啃咬的行為,就會愈咬愈重。

矯正方式 如果鳥兒只是輕輕含著沒有關係,若是有愈咬愈重的情況,就要嚴肅地斥責鳥兒並且把手抽開。矯正成功率0～100%。

預防方法 選擇寵物性比較好的鳥,如雞尾鸚鵡、白額鸚鵡等;有些鳥種天性就是會亂咬,如環頸鸚鵡,較難以矯正。

⑤ 咬毛

鸚鵡將自身的羽毛咬爛或是整根羽毛拔起,造成鳥兒外表羽毛凌亂、或是禿毛,甚至可直接看到皮膚。一般理羽則是鳥兒用嘴喙梳理羽毛,不會造成羽毛破損。

原因 飼養環境的改變、飼養環境隱藏的壓力、營養不良、生活空間過於狹窄、只生活在站架上、重金屬中毒等,都可能造成鳥兒咬毛。

矯正方式 因為咬毛的原因很多種,咬毛的成因探索不容易,某些原因所造成的咬毛矯正比較容易,但有一些咬毛的原因在矯正上需要很長的時間,甚至無法矯正。

預防方法 提供給鳥兒多樣化的食物,均衡的飲食,可預防因為營養不良所造成的咬毛。

- 將鳥養在空間比較大的鳥籠裡,並且提供多種玩具及可啃咬物品讓鳥兒消磨時間。
- 在鳥兒生活的環境當中,避免讓鳥接觸到重金屬的物品。
- 提供鳥兒有安全感的生活環境,例如將鳥籠放置在靠牆的角落,或是比較安靜的地方。
- 不要將鳥養在鐵製站架上,鳥兒的腳會因為鐵製品的冰冷、站架環境的無聊、站架的不安全感,還有會引起鳥兒雙腳不舒服的八字環等等而咬毛自殘。

如何親近新來的鳥兒？

除了自小養起的幼鳥，原本就能跟飼主親近外，但是帶剛斷奶的亞成鳥、成鳥回家時，不管鳥兒在鳥店或鳥醫院和你多熱絡，只要一離開熟悉的環境來到新家時，都需要一段時間重新適應。

鳥兒會因換一個陌生的環境、接觸陌生的人而感到恐懼，受驚的鳥兒會對試圖接近的人威嚇、啄咬，飼主只要理解鳥兒心中的不安，願意花一點時間，讓鳥兒熟悉環境、熟悉主人後，鳥兒就會轉而和你親近起來。

> 剛把裝在紙盒裡的鳥兒從鳥店帶回家後，第一件事情就是安置鳥兒。如果是幼鳥，可將鳥兒直接抱起放在寵物箱裡；若是亞成鳥或是成鳥，不要用手去抓鳥兒以免被咬。可將紙盒放在鳥籠裡，然後打開紙盒讓鳥兒自己走出來到鳥籠裡。

Info* 讓鳥兒對你的手有好感

在親近鳥兒的過程中，用手拿食物給鳥兒，讓鳥兒看到手就會聯想到好吃的食物，會帶來愉快的感覺，進而對手有好感。當你靠近鳥兒時，絕對不要用手指逗弄鳥兒，或是用手指在鳥兒面前揮來揮去、比來比去，鳥兒相當討厭這樣的動作。所以跟鳥互動時，只要能讓鳥兒對手有愉快的聯想，就會願意和你做任何的互動，在訓練上也會比較簡單。

親近鳥兒step by step

讓鳥兒熟悉新環境、飼主需要一段時間，這段期間需要飼主和家中成員耐心以對，以循序漸進的方式取得鳥兒的信任。因此，帶鳥回家之後，先不要急著想要去用手抓鳥，以免嚇到鳥兒。在安頓好鳥兒隔天，即可試著和鳥兒培養感情。可到鳥籠旁邊跟鳥輕聲說話，親手餵食鳥兒飼料和水果，採用上述餵食幼鳥的方式可以快速和鳥兒培養感情，如果鳥兒接受你的餵食，很快就會想要依賴你，這時就很容易跟鳥相當親近。

帶鳥回家的第一天，先替鳥兒安排好有安全感的居所。（參見P122）

隔天，你可以伸手進鳥籠，試著把手放在鳥兒面前，觀察鳥兒的反應。

反應1

鳥兒立刻站上你的手也不會怕你，甚至會跟著你，在你身上玩，那就可以省去很多彼此熟悉的時間，你也可以直接讓牠出籠玩，只要藉由親手餵食，感情就會更好。

常見於剛斷奶的亞成鳥。

反應2

鳥兒會閃躲。這時不要失望難過，或許你會納悶，為何手養長大的鳥兒仍會怕人？試想，如果你不認識的人要碰你，你的反應如何？也是跟鳥兒一樣會閃躲。初到新環境、接觸陌生人，鳥兒會懼怕是正常的。

 Good **NG**

你可以試著餵餵看鳥兒要不要喝幼鳥的營養素，並且輕聲細語對牠說話。

第一個星期內，建議不要急著用手去抓鳥兒，以免鳥受驚嚇，也不要強迫鳥走出籠子。

常見於剛斷奶好幾個月以上的亞成鳥、成鳥。

 經過一星期的認識，評估一下鳥兒看到你是否已經會靠過來，如果鳥兒開始對你感到好奇，你就可以把鳥的籠門打開，讓鳥自己走出來，在家裡自由活動。鳥兒若是會自動找你，這就表示鳥兒開始對新環境及主人有安全感。

 在上一段時間的相處與互動，這時你就可以試著去摸摸鳥兒，讓鳥兒站在你的手上。如果鳥兒也感到自在，那就是成功了。

自然習性｜肢體語言｜玩遊戲｜偏差行為｜**親近新鳥**｜上手訓練｜聽口令排泄｜學說話｜預防飛離｜如何尋鳥｜外出活動｜安排寄宿

上手訓練

上手的動作是指，當你把手指頭放在鳥兒胸腹部的前面時，鳥兒會自己站到你的手指頭上。讓鳥兒上手是最基本的動作。經由訓練，有些鳥兒會在你的手指頭伸出橫放面前時，自動站上來；有些鳥兒則是需聽到飼主的指令才會站上來。

讓鳥兒站上您的手指的訓練step by step

上手動作是平時和鳥互動時，最基本也最常用的動作，訓練的方式如下：

 讓鳥集中注意力

讓鳥兒面對你站好，然後叫鳥的名字，讓他把注意力放在你身上。

 下達口令

先選定日後固定使用的口令，如「上來」或「up」，再將手指頭橫放在鳥兒胸前，用堅定的口氣下達口令，有些鳥兒看到手指就會自動站上來，這時可口頭讚美鳥兒。

 用手指輕推鳥的胸腹部輔助

如果鳥兒看到你的手指，並沒有主動站上來，你就必須用手指輕輕地推牠的胸腹部，這時，大部分的鳥應該都會站上來。鳥兒站上來時，需立刻口頭獎勵。

 若訓練未成功，檢視鳥對你的信賴感

經過三個流程的訓練，幾乎所有的鳥一定都可以乖乖地站上來。如果以上的訓練不成功，你就必須重新檢視鳥兒是否對你不夠信賴，或是你們之間還缺乏深厚的情感，還是鳥兒對當時訓練的環境感到害怕，亦或是鳥兒當時的情緒不佳而不願配合。解決了這些癥結點後，從第一步驟再開始。

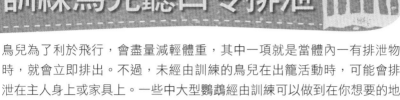

訓練鳥兒聽口令排泄

自然習性

肢體語言

玩遊戲

偏差行為

親近新鳥

上手訓練

聽口令排泄

學說話

預防飛離

如何尋鳥

外出活動

安排寄宿

鳥兒為了利於飛行，會盡量減輕體重，其中一項就是當體內一有排泄物時，就會立即排出。不過，未經由訓練的鳥兒在出籠活動時，可能會排泄在主人身上或家具上。一些中大型鸚鵡經由訓練可以做到你想要的地方、想要的位置上，聽到口令排泄。一些較小型的鸚鵡，就難以訓練。

讓鳥兒聽口令排泄step by step

適合訓練的鳥類為中大型鸚鵡，如太陽類鸚鵡、亞馬遜鸚鵡、金剛鸚鵡等等。訓練的方式如下：

Step 1 選定排泄的地方

先決定要讓鳥兒在那裡排泄。例如在地板上，或是垃圾桶、衛生紙上都可以。

Step 2 觀察鳥兒排泄頻率

先觀察鳥兒多久會排泄一次，以及何時會排泄。有些鳥兒走出鳥籠時就會排泄。

Step 3 預估排泄時間到，下達口令

預測鳥兒排泄的時間，先讓鳥兒上手，把手放在你選定的地點上方，下達「便便」或是「嗯嗯」的口令。你也可以讓鳥站在垃圾桶的邊上，等牠排泄。

Info* 訓練鳥兒的要點

訓練鳥兒時，需要把會讓鳥兒分心的玩具和食物都先移開，讓鳥兒可以專注在訓練上。訓練時間以十分鐘以內為宜，鳥兒並無法長時間投入注意力。當鳥兒確實地做到你想要的動作時，就必須馬上獎勵牠。可用口頭讚美、食物獎勵均可。有時鳥兒在訓練時心不在焉，一直跑走或飛走，換個時間再訓練應該比較好。

Step 4　未排泄不讓鳥兒離開

此時鳥兒一定想要到處走動，但若鳥兒尚未排泄，盡量不要讓鳥兒離開，如果鳥兒飛走或是跑掉，要把鳥兒再度抓回原位。

Step 5　口令多下幾次直至鳥兒排泄

口令要多下幾次，直到鳥兒排泄為止。鳥兒排泄後馬上讚美牠，並讓鳥離開，自由活動。

Step 6　一天兩次，持續訓練一週

步驟一到五，天天訓練個兩次以上，約一星期左右，鳥兒就會聽口令排泄，如果是站在垃圾桶上的鳥，還會自己飛到垃圾桶上站好排泄。但還是要讓鳥兒習慣在不同物體上聽到口令就排泄，以免出門時，找不到垃圾桶等特定物品。

Info*　出籠後的排泄訓練

當訓練成功後，鳥兒並不是等主人下口令才會排泄，沒有口令就不會排泄，因為鳥兒的忍耐程度還是有限。訓練的目的是經由主人的評估，推斷何時該排泄了，例如你的鳥每隔三十分鐘左右會排泄，時間差不多就可以下口令，讓鳥兒在特定地點排泄，就算沒有糞便，鳥兒還是會努力擠出一點來給主人看。經過一段時間訓練之後，聰明的鳥兒就不會在主人身上排泄。訓練成功的鳥兒有便意時，還是會忍耐一小段時間。

教鳥兒學說話

通常人們的認知上，教鳥説話就是用錄音帶重複播放。但事實上，鸚鵡的智商遠遠超過人們的想像。美國有一隻灰鸚鵡，經由心理學家的訓練，會簡單的對話、辨別物體的顏色、形狀及數字。教鳥兒説話最好的方式，就是配合情境，並不須過於刻意。當情境再度重現時，鳥兒自然而然地就會説出話來。例如，當你看到鳥兒時，跟他説 hello、出門時跟他説 byebye，重複一段時間後，當鳥兒看到你要出門時，就會自動跟你説。

教鳥兒學習説話的要點

教鳥兒説話需留意以下六點：

1 鳥兒學語程度與鳥種有關

鳥兒模仿人語的能力高低決定在鳥種。中小型鸚鵡會説的話並不多，幾乎在十句以下，可以説上很多句的鸚鵡以大型鸚鵡居多。

2 教鳥學語一次一句

教鳥兒説話，以簡短兩字到三字為原則，一次只教一句。不需要一次教很多，等一句學會，再教下一句。

3 鳥兒會模仿音量

鳥兒模仿時也會同時模仿音量，所以講話音量大的主人，家中的鸚鵡講話也比較大聲。

4 鳥兒會模仿聲調

想要鳥兒講話聲音比較好聽輕柔，不妨請家中的女性教導鸚鵡説話，鸚鵡學出來的聲音也會如女性般的聲音，若是由男性教導，鸚鵡的發音會比較粗厚。

5 教鳥學語不應強求

鳥兒有時會因為個體的差異，造成有些鳥不太愛學説話；而所有你教給鳥兒的項目當中，學習完成率不一定會達到百分之百，遇上這些情況時，主人也不應強求。

自然習性
肢體語言
玩遊戲
偏差行為
親近新鳥
上手訓練
聽口令排泄
學説話
預防飛離
如何尋鳥
外出活動
安排寄宿

⑥ 讓鳥兒在歡樂的遊戲氣氛學習

教鳥兒學語與情境教學時，應保持愉快的心情，並且用遊戲的方式跟鳥兒
應對，而不要過於嚴肅，鳥兒喜歡在遊戲氣氛中，快樂自然地學習。

情境教學的示範

結合情境教導鳥兒說話，可讓鳥兒迅速學會在特定情境下說特定單字。愈
大型的鸚鵡，智商及學語能力都優於較小型的鸚鵡，學習成功率也愈高。

教學目標 ❶	情境教學	
跟鳥說親親後，鳥兒會發出親嘴嘖嘖的聲音。		做出親親時嘟嘴的動作且靠近鳥兒，說親親，親完後發出嘖嘖的聲音。

教學目標 ❷	情境教學	
鳥兒看到你說hello，看到你要走時說byebye。		● 當你回家時，看到鳥兒就對他說聲hello。 ● 要出門前，跟鳥兒說byebye。

教學目標 ❸	情境教學	
當你給鳥兒東西吃或是鳥兒看到喜歡的東西想吃，鳥兒會說「謝謝」。		餵食鳥兒愛吃的點心或水果時，在把東西給他之前，每一次要跟鳥兒重複說謝謝。

教學目標 ❹	情境教學	
當你說握手時，鳥兒舉起單腳跟你說握手。		你跟鳥兒說握手，輕輕拿起鳥兒的一隻腳，讓鳥兒的腳抓住你的食指，並輕輕地上下搖動。

Info✱ 教鳥兒說話的錯誤認知

　　很多人都以為鳥兒說話一定要剪舌頭。鳥兒會不會說話主要原因決定於鳥種，其次在於鳥兒是否和主人有良好的互動，因為鳥兒為了要引起主人的注意，會有模仿主人的聲音和行為，愈想要和主人互動的鳥兒，學習的慾望會愈強烈、會講的話就愈多。如果刻意剪舌，因舌頭上布滿神經血管，反而會讓鳥兒大量流血死亡。

預防鳥兒飛走

心愛的寵物鳥不慎飛離、走失，對主人來說相當心急如焚。一旦鳥兒飛走，再找回的可能性很低，因為鳥兒一旦飛離熟悉的環境，碰上高樓林立的複雜環境，就算鳥兒想回到主人身邊，也找不到路回家。因此預防愛鳥走失，飼主平日需細心注意家裡門窗，再加上外出時使用輔助的工具，鳥兒不慎飛走的可能性就降低。

如何預防愛鳥飛走

在家裡時
- 平日要把通往戶外的門關好，連細縫都不能留。
- 紗窗要拉好。
- 當鳥兒出籠活動時，請家人進出大門及陽台的門要注意，以免開門時不慎讓鳥飛走。
- 鳥籠的籠門和裝飼料盆的小門一定要用扣環扣好，以免鳥兒開門飛走。有一些中大型鸚鵡甚至會開簡單的扣環，所以要使用較複雜的鎖。

外出時
預防方式
- 帶鳥兒出門就要準備牽繩、外出繩等讓鳥兒不會飛走的輔助工具。
- 盡量避免帶鳥兒進到吵雜的場所，例如工地，以免鳥兒聽到突如其來的聲響，慌張之下飛起來。
- 善用運輸籠。可讓鳥兒安全地待在運輸籠裡面，有需要再放出來。

Info★ 預防鳥兒被偷

　　有某些竊盜集團專門鎖定中大型鸚鵡下手偷竊，偷竊的目標為放在家門口曬太陽的鳥、吊在屋簷下的鳥，甚至破門而入。有些更為囂張的竊盜集團會鎖定繁殖場、農場、動物園等等，破壞鳥舍潛入。因此，預防鳥兒被偷的最好方式就是把鳥放在外人看不到、也無法接近的地方。如果你養了不少價值不斐的鳥兒，最好是安裝保全，並且不要帶外人參觀，低調養鳥是防止被偷的上上策。

自然習性
肢體語言
玩遊戲
偏差行為
親近新鳥
上手訓練
聽口令排泄
學說話
預防飛離
如何尋鳥
外出活動
安排寄宿

鳥兒飛走怎麼辦？

鳥兒有飛行能力可在三度空間活動。當鳥兒飛走時，很少會停在地上，因此尋找的困難度更加提高。當愛鳥飛走時，必須立刻尋找，以免鳥兒遇遭到貓狗咬食，或是被不會養鳥的人撿到。同時，可在鳥兒飛走地點的周圍張貼公告，並在網路上請鳥友協尋。

如何找回愛鳥？

❶ 製作海報張貼

海報上面必須包含鳥兒的照片、獨有的特徵、走失地點、主人聯絡方式、甚至賞金。印製多份並且貼在飛走地點四周的地區。

❷ 在網路上發布訊息

在觀賞鳥討論的網站上，發出協尋的文章，藉由網友的力量幫你多加注意。

❸ 在鳥兒飛離的地點附近多加尋找

以飛走的地方為中心，往外擴大範圍尋找，尋找時還可以聆聽是否有熟悉的叫聲。

❹ 去鳥類販賣店尋找

有時撿到鳥的人，會把鳥拿到鳥店去。所以可到各鳥店去看有沒有你飛走的鳥，或是請店家幫你留意，是否有人撿到鳥來買飼料的，經確認為自己走失的鳥後，可請店家幫忙交涉找回愛鳥。

> ## Info* 乖的鳥也會飛走嗎？
>
> 　　鳥會飛走的原因有很多種，就算跟你很親近的鳥，只要不小心可能就會走失了。
>
> 　　有時可能出於好奇，從沒有關好的門窗往外飛；受到聲音、光線或是移動的事物的驚嚇，而猛然飛起來，並且快速往前衝。所以，不管鳥兒跟你的互動多良好，平時跟你很親近，一旦受到驚嚇刺激，一樣會飛起來，當飛到陌生或是看不見主人的地方，就有可能找不到主人而走失。

帶著鳥外出活動及旅行

你可以帶鳥兒外出接觸外面的世界，以接受不同的刺激。這時讓鳥兒跟著你外出活動，或是帶著鳥兒參加鳥聚，來個社交活動，都可以釋放鳥兒的壓力，並且跟其他的鳥友交換養鳥的心得。

有些飼主外出數天時，也想要讓自己的愛鳥跟在身邊。鳥兒體型不大，排泄物幾乎沒有味道，帶出門比較不會麻煩。但帶鳥出門，還是必須要考量許多細節。如果有讓主人可以放心地理想鳥兒住宿地點，盡量還是安排住宿對鳥兒比較好。

帶鳥外出活動的注意事項

帶鳥外出活動在出門前及外出後需注意的重點如下：

1. 第一次帶鳥出門盡量避免距離較遠的行程，先以短程測試鳥兒對搭車的反應。

2. 在帶鳥兒外出前一天，在鳥兒的飲水、飼料裡加日常維他命、益菌、及腸道調理劑，讓鳥兒有充足的體力。

3. 準備鳥兒外出籠，若攜帶大型鸚鵡必須要選擇不易咬壞的外出籠。

4. 出門前給鳥兒吃少量的食物即可，以免暈車造成鳥兒身體上的不適。

5. 外出時，為避免鳥兒受到外在環境的驚嚇而飛走，可使用扣在腳上的牽繩、外出繩以及飛行衣等擇一使用。

Info* 鳥兒不喜歡外出的輔助用具怎麼辦？

通常鳥兒的腳環上被加上牽繩，或是穿上飛行衣扣上外出繩等，初期一定會不太適應，會想要咬掉或是扯掉。所以就必須要讓鳥兒套上後，馬上給予鳥兒喜愛的食物或是口頭上的獎勵，並讓鳥兒覺得加上輔助工具就代表可以出門去玩，這樣鳥兒就會慢慢接受，不再排斥。

帶鳥旅行的注意事項

帶鳥出門旅行時間不短，在運輸期間鳥兒都需待在外出籠內，可活動空間狹小，且一路上運輸時可能帶來的緊迫問題，飼主均需留意，以下為帶鳥出門需注意的事項：

1 交通工具

不是所有的交通工具都可以攜帶鳥禽，出門前應先查明哪一些交通工具可以帶鳥。

2 妥善包裝

若是搭乘大眾交通工具，要妥善把鳥籠外面再套一個紙箱或是手提袋，以減低鳥兒的羽屑、飼料殼及鳥叫聲所帶給同行乘客的困擾。

3 適當保溫

天氣寒冷的時候將暖暖包貼在裝成鳥運輸籠外的側面或是裝幼鳥寵物箱外的底部，可替鳥兒保暖，不會著涼。

4 降低緊迫

在旅行途中，必須在飲水飼料中添加紓解緊迫的營養補充品，以免鳥兒免疫力因旅行下降而生病。

5 休息時間

鳥兒會因旅途勞累而增加睡眠的時間，每當到一個旅途中的停留點時，應該讓鳥好好休息。

帶鳥旅遊的提醒

- 帶鳥外出所使用的籠子不須太大，鳥兒在較小空間裡不容易受到驚嚇而跳起或飛撞。
- 記得攜帶足夠的飼料及水，讓鳥可以在旅途上可吃到熟悉的食物。
- 天氣炎熱或是大太陽的氣候，下車也要一併將鳥帶下車，以免密閉的車內溫度快速上升而讓鳥兒熱衰竭而死亡。

Info* 不適合帶幼鳥與病鳥旅行

脆弱的幼鳥就不太適合帶出門旅行，幼鳥在長途旅行的過程中，消化會趨於遲緩，甚至停滯。若旅行過程中，經過顛簸彎曲的山路，將造成鳥兒因緊迫而生病的機率大為提高，因此出門旅行不要帶著幼鳥及病鳥。

幫鳥兒安排寄宿

當你出門時間超過一天時，就必須妥善處理鳥兒的照料問題。依照出門時間長短，安排鳥兒的照料細節就有所不同，如果出門時間在三天以下，就不須幫鳥安排寄宿，若超過三天，而家人、朋友皆無法照顧時，則需替鳥兒安排住宿。

飼主出門時的鳥兒照料

當出門的時間在三天以下時

1. 多放幾個飼料盆以及水瓶裝在籠子裡。
2. 可放數個沒有削皮的蘋果，讓鳥兒可以想要吃時自由取用。如果蘋果已經切好或是削皮，容易在出門第一天就壞掉氧化。
3. 在籠子上掛數根點心棒，讓鳥兒可以消磨主人不在的時間。
4. 準備的分量最好是四天到五天的分量，以免出門後臨時延後回來。
5. 為了出門之後都很放心，盡量把鳥兒放在室內，以免天氣突然變化，主人在外無法趕回處理。
6. 如果是請家人或朋友代為照顧，也必須要寫好照顧的方式，注意的事項。

當出門的時間超過三天以上時

1. 如果家人、朋友都無法代為照料時，就必須把鳥寄放在店家。
2. 選擇環境清潔、服務態度好以及對鳥有愛心的店家，或是平時比較熟悉的店家。
3. 務必要麻煩店家不要讓來店的客人去接近你的愛鳥。有些人會捉弄鳥兒，或是用手指去接近你的鳥，甚至拿鑰匙或物品去戳鳥，而有些小朋友會拍打鳥籠，對鳥尖叫。當你細心呵護的鳥兒被別人用不正確的方式對待過後，很容易性情變得緊張，或是具有防衛心，或討厭起家裡的小朋友。
4. 把連絡電話留給店家，請他有狀況時可以打電話通知。出門時也不要忘記留存店家電話，可以打電話去關心了解鳥兒的狀況。
5. 多準備一點玩具以及鳥兒平時吃的飼料及水果，讓鳥兒可以在寄宿時也能玩玩具和吃到自己喜歡的食物。
6. 如果鳥兒正在生病，請盡量把出門的時間錯開，通常店家並不願意讓病鳥進入店裡，而自己的鳥生病了還是自己照顧比較放心。

自然習性
肢體語言
玩遊戲
偏差行為
親近新鳥
上手訓練
聽口令排泄
學說話
預防飛離
如何尋鳥
外出活動
安排寄宿

第 一 次 養 鳥 就 上 手

第8篇

成功繁殖鳥兒

繁殖鳥寶寶需要鳥兒與飼主的共同努力。鳥兒是否已經成熟、營養是否充足、繁殖環境是否讓鳥兒有足夠的安全感，都會影響繁殖的成果。本篇就透過詳細解析繁殖的需求與真實狀況，讓剛上手的人也可以繁殖出自己的鳥寶寶。

本篇教你：

☑ 成功繁殖鳥兒

☑ 鳥兒繁殖前的準備工作

☑ 認識繁殖期時鳥兒的改變

☑ 認識鳥兒交配期的生理特徵

☑ 鳥兒下蛋了

☑ 孵蛋時期

☑ 小鳥誕生了

認識鳥兒的繁殖過程

鳥兒配對成功後，就會開始進入交配、產蛋、孵蛋、育雛等過程。繁殖期的公鳥負責整理巢草、餵食母鳥、保護母鳥與幼鳥；母鳥則負責產蛋、孵蛋、哺育小鳥的工作。鳥兒繁殖時必須提供充足的食物與營養，同時不要干擾鳥兒，讓鳥兒能安心繁殖。

繁殖鳥兒流程

繁殖鳥兒除了替鳥找到一個伴侶外，另必須準備鳥兒所需的巢箱，讓鳥兒安心產卵繁殖、育雛。當幼鳥成長到有羽管階段的程度，就可以將幼鳥從巢中取出，人工餵食。

1 配對
當鳥兒到達成熟時，即可替他們找一個伴侶。當公鳥跟母鳥互相看對眼，會站在一起、互相理毛，甚至會吐料給對方吃，一起分享食物，這樣就是配對成功。

注意事項 配對時如果有一方較強勢會攻擊對方，則必須馬上將牠們分開，把鳥兒分開兩個籠子放在隔壁，讓他們在隔籠相處一段時間再配對。

2 準備巢箱
依照鳥兒的體型以及喜好替鳥兒挑選適合大小的巢箱。並且裡面鋪上稻草或是木屑等墊材。

注意事項 稻草巢若是使用棉線做為固定的材料時，必須將棉線割斷，以免纏住親鳥及幼鳥的腳。

3 發情、交配
當繁殖季到時，鳥兒會開始發情並發出求偶的叫聲並且開始交配。

注意事項 補充繁殖維他命及鈣質讓鳥兒能順利繁殖、確保繁殖成果。

4 產卵
母鳥會蹲在巢箱裡開始產卵，並且每隔一兩天就會再產出下一顆。

注意事項 不要翻動巢箱，干擾母鳥。

5 孵出雛鳥
母鳥會蹲坐在蛋上，並依情況替鳥蛋翻轉，讓鳥蛋均勻受熱直到鳥兒破殼而出。

注意事項 不要翻動巢箱，干擾母鳥。

6 育雛
育雛時，不但母鳥會哺育小鳥，公鳥也會幫忙育雛的工作。

注意事項 育雛時，親鳥的食量會大增，因此要提供親鳥足夠的食物和水，並補充足夠的營養如蛋黃粉、鈣質。此時不宜去翻開巢箱窺看，以免親鳥因為缺乏安全感而棄養幼鳥或是將幼鳥啄死。

7 抓出幼鳥手養
如果希望孵育出來的幼鳥和飼主親近，就可以在幼鳥長出羽管時抓出巢箱人工餵食。通常抓出手養的第一天，幼鳥因為不熟悉人類的餵食，進食的量會較少，當熟悉人類的餵食後，幼鳥索食聲會愈來愈大聲。

注意事項 將幼鳥放在較保暖的寵物箱內替幼鳥保溫，並定時餵食幼鳥。

繁殖流程

準備工作

繁殖前兆

生理特徵

產蛋

孵蛋

誕生

Info* 手養鳥也可以繁殖

　　許多飼主覺得手養的鳥兒由人類飼養長大，擔心鳥兒會失去繁殖的本能，但事實上手養鳥也能繁殖，只要注意在繁殖時不要去干擾他們或是跟手養鳥玩，就可以讓他們安心的去撫育下一代了。手養鳥配對成功之後也可以是很稱職的父母親。如果想要培育最佳的繁殖鳥，就必須讓手養鳥從小配對，但飼主並不能與這兩隻鳥兒過度互動與親密。這種方式可獲得最佳的繁殖成果。

鳥兒繁殖準備工作

讓鳥兒繁殖前，先將需具備的條件準備好。首先，確定鳥兒的性別，才不會因錯認而白忙一場，再替確認過性別的鳥兒進行配對，成功後得替鳥兒準備能夠安心繁殖的環境，期間減少人為的干擾，讓鳥兒有繁殖意願、順利孵育幼鳥。

繁殖的四項準備工作

繁殖前必須將鳥兒配對好，準備適當的巢箱與鳥籠，並降低環境的干擾，才能讓鳥兒安心地繁殖下一代。

 確定鳥兒性別

進行配對前，先確認鳥兒的性別。有些鳥種如錐尾鸚鵡與吸蜜鸚鵡一旦同性相處過久會配對在一起，到時要再分開重新配對、相互適應，會花費較多時間；此外也要考量重新配對時鳥兒在相處上是否有強勢欺壓弱勢的情形。除了少數可從外表看出性別的鳥種如折衷鸚鵡、太平洋鸚鵡、環頸鸚鵡等外，其他鳥種的性別鑑定必須透過DNA或內視鏡外科手術兩種專業鑑定方式。需特別留意的是，如果購買具有檢驗機構開立的性別證明的鳥兒時，要注意檢驗機關是否具有公信力，可從是否為知名大型檢驗機構或是專業鳥醫院開出的證明來做判斷。

確 認 鳥 兒 性 別：進行配對前，先確認鳥兒性別。

▼ 判定方式

藉由外觀判定 只有少數鳥種可藉由外表辨別公母，如折衷鸚鵡、太平洋鸚鵡、環頸鸚鵡……。

透過專業鑑定 漸受鳥友喜愛而成主流

● DNA
方法：採取鳥羽毛根部的細胞加以萃取出DNA後做鑑定。
→不須開刀與麻醉

● 內視鏡外科手術
方法：利用手術方式在鳥的腹腔開一個小洞後，以內試鏡觀察精囊與卵巢，而知道鳥兒的性別。→須開刀與麻醉

Info* DNA與內視鏡還可以做什麼？

　　DNA檢驗性別只是最基礎的一個檢驗，目前鳥類DNA研究已經可以檢驗出鳥類各種病毒性感染，如鸚鵡喙及羽毛感染症（PBFD）與法蘭西斯換羽症。而內視鏡外科手術除了可以觀察到性別器官的差異外，還可以觀察內臟器官的疾病與判定是否達到成熟可繁殖年齡。

 Step 2

準備適當鳥籠與繁殖巢窩或巢箱

大小合適、舒適安全的環境能讓鳥兒安心繁殖。準備繁殖環境需替鳥兒挑選鳥籠和繁殖巢窩或巢箱。

鳥籠部分 依據鳥兒的體型與繁殖的需求給予適當大小的鳥籠，一般而言愈　大愈好。

繁殖巢窩或巢箱

●繁殖巢窩

雀科鳥類的巢多使用草盤或是窩狀。

●巢箱

巢箱最好挑選木箱，像是原木製的樹洞巢箱，或是木板製成的人工巢箱最受到鳥兒的青睞。選擇鳥兒喜愛的巢箱才會有最佳的繁殖成果。巢箱的型式有直式、橫式、原桶狀、歪斜式、是Z型等。

巢箱內的巢材 通常可以放置稻草盤、木屑、椰纖或是樹皮粉末。放置稻草盤時要注意要割斷綑綁的稻草，並避免購買棉線綑綁的稻草盤，以免勾到親鳥或幼雛的腳。

使用重點 內墊的巢材需要每次繁殖時更新，巢箱如果尚未破損可以繼續使用，但使用前必須要加以消毒與清潔才可以。繁殖巢窩若是發現鳥兒不進入繁殖就要考慮更換其他型式。

減少週遭環境的干擾

影響繁殖成果的另一項因素是安全的環境。若繁殖環境的干擾過多，如聲響、人來人往都會讓鳥兒覺得沒有安全感，而不願意繁殖。

> **放置方法**
>
> ● **鳥籠**
>
> 鳥籠放置在無人干擾的地方，放置地點最好高於人的視線，讓鳥兒較有安全感。
>
> ● **巢箱**
>
> 放置在鳥籠內的巢箱，最好固定在鳥籠的高處角落。巢箱洞口不要面向前方，最好面向鳥籠的左邊或右邊，巢箱需要牢牢地固定在籠子上面，不能夠晃動，以營造安全隱密感。
>
> **注意事項**
>
> ● 破壞性高的中大型鸚鵡類可選擇外掛式的巢箱以減少巢箱的損壞。愈少的干擾讓繁殖時的鳥兒更安心進行每個步驟。
>
> ● 在都市地區繁殖的鳥友通常會將鳥舍搭在樓頂，此時要注意頂樓的氣溫是否太高或太低，並且要避免一些外來鳥種的干擾。較高的氣溫會造成鳥兒過熱而產生熱衰竭。
>
> ● 搭在戶外的鳥舍更要注意鼠輩的橫行。老鼠會嚴重危害鳥舍安全與健康，一旦咬傷鳥兒就會有嚴重的細菌或病毒感染。防範老鼠第一步，必須將可進入屋內的漏洞補好封死。
>
> ● 鳥兒若能看到隔壁籠的鳥，或是離隔壁的鳥籠太近，會讓鳥兒較沒有安全感，因此最好將兩籠鳥中間隔開，讓不同籠的鳥兒彼此看不見對方。
>
> ● 繁殖季時切勿大動作搬動鳥籠或鳥舍其他物品，一切以使養鳥空間維持原狀為主，若是大幅度變更鳥房裡的擺設，會驚嚇到較為敏感的鳥兒，而造成中斷繁殖期孵蛋、或是育雛的行為。
>
> ● 繁殖季時不要讓鳥兒平常沒看過的人進入鳥房，會增加鳥兒的不安全感。

Step 4 進行配對

配對鳥兒時，要依據當時所飼養的鳥種與當時的狀況來決定配對方式。 如果養很多隻同種的鳥類就可使用自由戀愛的配對方式。

配 對 方 式

①直接配對

方法
將已確認性別的鳥兒分別放在兩個鳥籠彼此熟悉數天，如果看到鳥兒常靠進對方且隔著籠子站在一起，就可放進備有巢箱的繁殖鳥籠內做進一步的觀察。

配對成功 若是發現兩隻鳥會一起食用飼料，不會排擠對方就代表已經配對成功了。

配對不成功
● 互相爭吵
→需將兩隻鳥兒分開，並放回原來的鳥籠。

● 弱勢方遭強勢方追趕、咬傷
→將被追趕的另一方先放置繁殖籠內數天後再將另一隻放入，利用地域性來讓強勢方產生較弱勢的感覺。

如果從小將鳥兒配對，鳥兒會更容易接受對方。

②自由戀愛

方法
先將數隻不同性別的鳥兒放入一個大籠中，藉由時間觀察哪兩隻鳥已經透過自由戀愛而配對成功。

自由戀愛配對的鳥兒，因感情佳因此在繁殖期時容易發情並交配，通常繁殖成果較佳。

不管是用哪一種方式，配對成功的對鳥不可以再跟其他鳥兒共同住在有巢箱的籠中，以免打架。

進入繁殖期鳥兒的改變

鳥兒進入繁殖期後，生理狀況會有些許的改變。鳥兒的生理變化可以幫助飼主預先掌握鳥兒的生理、習性的變化，提早做準備。鳥兒進入繁殖期前會在食性、個性、習性上出現較大的改變。

鳥兒繁殖前兆的七種特徵

鳥兒要進入繁殖期前的行為，可從多方面的行為改變觀察，例如會主動大量食用礦物質及鈣質，公母鳥互相餵食以及行為更加親密等。

1 大量食用礦物質及鈣質

鳥兒要繁殖之前，因要累積產蛋的需求，就會開始大量補充礦物質與鈣質。當你發現鳥兒攝取礦物質鈣質的次數頻率增加，就知道鳥兒已經想要繁殖了。

2 食用食物增加

對於食物的需求量突然增加，或是發現公鳥的食量變大時，都有可能是繁殖的徵兆。例如虎皮鸚鵡會為了吐料給母鳥而大量進食，而讓嗉囊塞滿食物。

3 餵食對方的現象

公鳥吐料給母鳥是一種標準的繁殖徵兆，當看見這個徵兆代表鳥兒的感情濃厚，已經準備好要下蛋了。

faq 進出巢箱就是要繁殖了嗎？

其實鳥兒進出巢箱也有可能只是要進入休息而已。若是發現他們沒有繁殖的下一步驟就要考量到可能是巢箱的隱密性不夠，造成他們不把巢箱當做可以撫育幼鳥的地方。繁殖期未到或是鳥兒年齡未成熟，也會有把巢箱當成只是晚上睡覺的地方。

4 幫對方整理羽毛現象

鳥兒互相理毛是一種互相信任且增進感情的方式。透過這個相互信任的機制，很快地就會有繁殖的想法了。

5 出現攻擊性

飼主會發現公鳥突然具有攻擊性，想要攻擊靠近鳥籠的人，這時就代表鳥兒已經認定這個區域是他們要繁殖下一代的地方了。

6 巢材被咬出巢箱

發現巢材散落在鳥籠當中，就是鳥兒有進入巢箱整理巢材，也代表有繁殖的前兆。

7 喜歡在巢箱出入

如果鳥兒進出巢箱的目的在於布置舒適的窩，通常鳥類會將巢箱內的巢材咬成較小段且布置成一個窩狀，以方便蛋集中在一個地區。

Info* 鈣質與蛋的影響

鈣質吸收不良會影響產蛋的品質，可能會產下較小、較薄的蛋、軟蛋，甚至會有讓母鳥排不出來的畸形蛋。這些品質不良的蛋並無法孵出幼鳥。讓母鳥卡蛋的軟蛋與畸形蛋會造成母鳥死亡，較輕微的缺鈣會使得母鳥因缺鈣痙攣造成生命危險。綜合上述得知，一旦鈣質的吸收效率低，就會讓鳥兒在繁殖時產生致命的危險。

交配期的生理特徵

在鳥兒交配到產卵期間會有些不同於繁殖前的行為，鳥兒在繁殖交配期，公鳥會表現出護衛母鳥的行為，而公母鳥也會進出巢箱做一些準備的工作。此時主人除了多提供營養品外，就不要再多打擾鳥兒，讓鳥兒能有安全感地放心繁殖。

發情交配期的特殊生理特徵

當鳥兒出現下列行為時，飼主即可判斷鳥兒已經進入交配期。

1 公鳥具攻擊性

公鳥在母鳥產蛋時開始有強烈攻擊性，這是為了保護母鳥不受到干擾。飼主可能會發現要更換飼料時，公鳥會主動跑來攻擊及大聲喊叫。

2 母鳥進入巢箱

母鳥進入巢箱後即很少出來，表示母鳥已準備產蛋，這時應減少干擾，每日更換飼料速度需快速，並減少細部的清潔工作。

3 吐料次數增加

因為母鳥進入巢箱當中，所以食物都由公鳥提供，相對地可以發現公鳥進入巢箱吐料給母鳥吃次數增加。

4 排泄物的變化

因為鳥兒的泄殖腔同時提供排泄與產卵，所以要產卵前鳥媽媽都會累積較多的糞便再一起排出。這時也會聞到因為累積較久的糞便而有較重的味道，糞便也會變得黑黑稠稠的。

5 公鳥站立的地點

母鳥會常進出巢箱，而公鳥也會跟在左右，所以當母鳥進入巢箱時會看到公鳥站在洞口護衛。

6 整理巢材

交配期的鳥兒會努力地整理巢，讓巢材呈現漂亮的碗型可以讓鳥兒舒適地孵蛋。因為鳥兒整理巢材，因此可觀察到些許巢材掉出巢箱之外。

鳥快產蛋前所排泄的排泄物雖然黑且稠，並伴隨較重的味道，但與拉肚子不同。拉肚子通常會伴隨著食慾不佳與精神不濟的徵狀，而且排泄的次數較多，鳥也會難過地蹲在地上；快產蛋前的母鳥排泄次數一天約有一兩次，味道也遠比拉肚子濃重。

鳥兒下蛋了

鳥兒發情交配後，通常在一星期後即會產卵。由於母鳥下蛋時會待在巢窩或巢箱中不出來，為了護衛母鳥與蛋的安全，公鳥也會較母鳥下蛋前更具攻擊性。此時，飼主應不要打擾親鳥，若要補充飲水和飼料，應加快完成並輕手輕腳，讓母鳥可以安心產卵。

產蛋期間，公鳥與母鳥的變化

母鳥下蛋前下腹部會突出，並長時間窩在巢箱裡不出來，公鳥會護衛母鳥且開始擔任起餵食母鳥的責任。

1 排泄物的改變
母鳥的排泄物會變成水狀且一次排泄量會很多，這是正常現象，不需要擔心。與交配期的差異是產蛋結束後有可能這個狀況就會停止。

2 公鳥站立地點
在交配期時，公鳥幾乎都會站在巢箱門口護衛，而產蛋時，公鳥會進出鳥巢餵食母鳥，站在巢箱口守衛。

3 下腹部的改變
母鳥要下蛋前，會出現下腹部凸出的現象，這表示有蛋的雛型在肚子裡。下蛋後下腹部凸出就會消失，而下一顆蛋形成時就又會凸出。

4 公鳥具攻擊性
公鳥為了護衛母鳥會比交配期更兇，會主動攻擊靠近的人。所以這時也不要去干擾他們。

5 母鳥不出巢箱
母鳥因為開始產蛋所以都窩在巢箱裡。所需要的食物都由公鳥主動餵食。

6 交配次數增加
因為母鳥每次生蛋前都需要再與公鳥交配，所以會發現當母鳥下腹部凸出消失後，又有交配的行為。在產卵期間，公鳥和母鳥即重複不斷的交配與產蛋。

Info ✽ 產蛋的時間

一般而言，產蛋的時間點大約會在傍晚到進入夜間的時間。這時野外的天敵比較不會對鳥類產生威脅，算是比較安全的時間點。這時也可以比較放心地整理所生出來的蛋。

孵蛋時期

孵蛋的鳥媽媽十分辛苦，除了得將蛋用身體維持一定的溫度、照顧到每顆蛋的溫度之外，還需要不時地翻轉每顆蛋，讓每顆蛋的受熱均勻。每種鳥種的蛋都有特定孵化的時間，孵化期大約都會在18～30天之間。孵蛋時期會因為外在因素影響，會延長或是縮短，所以主人要耐心等待，不要去干擾母鳥孵蛋的工作。

各種鳥種與孵化時間對照表

鳥種	孵化天數
粉紅巴丹（Galah）	22～24天
大巴丹（Greater sulphur crested cockatoo）	27～28天
中巴丹（Medium sulphur crested cockatoo）	26～27天
橘冠巴丹（Triton cockatoo）	27～29天
琉璃金剛（Blue and gold macaw）	26天
紅金剛（Green-winged macaw）	26天
黃領帽亞馬遜（Yellow naped amazon）	28～29天
藍帽亞馬遜（Blue-fronted amazon）	26天
紅帽亞馬遜（Red lored amazon）	25～26天
Pyrrhura屬的錐尾鸚鵡	23天
Aratinga屬的錐尾鸚鵡	24天
非洲灰鸚鵡（African grey parrot）	28天
塞內加爾鸚鵡（Senegal parrot）	24～25天
賈丁氏鸚鵡（Jardine's parrot）	25～26天
折衷鸚鵡（Eclectus parrot）	28天
凱克（Caiques）	25天
雞尾鸚鵡（Cockatiel）	21天
和尚鸚鵡（Monk parrot）	23天
虎皮鸚鵡（Budgerigar）	18天
紅色吸蜜鸚鵡（Redlory）	27天
太平洋鸚鵡（Pacific parrotlet）	19天
愛情鳥（Love bird）	22天

蛋為何會孵不出來？

當母鳥產蛋後，所產的蛋不一定均能成功孵化，未能孵化的可能原因如下：

失溫	鳥兒孵蛋時，若環境溫度過低、或是因為驚嚇而造成母鳥跑出巢箱外，不再進巢箱裡繼續孵蛋，都會造成蛋的失溫。一般常見於孵蛋期的前期，一旦失溫，蛋死亡之後取出觀察會發現蛋中尚有血管，但是未繼續發育。
過於乾燥	溼度與溫度是控制孵化的兩大因素。在溫度過高而溼度不夠時，如果沒有補充水分以增加環境溼度，會造成蛋的脫水現象。而這樣的蛋常見於孵化末期，雛鳥破殼到一半就死亡或是無法破殼。給予沐浴用水讓親鳥沾濕羽毛之後去孵蛋，可以解決這個問題。
細菌感染	沙門氏菌的感染會讓蛋在孵化過程中死亡。要控制細菌的感染就要從親鳥去解決。若是發現鳥兒產出有受精的蛋，過孵化期但常孵不出來，就要將親鳥帶往獸醫院檢驗是否有感染沙門氏菌並加以治療。
外在干擾	外在人為或是天敵如老鼠的干擾都會讓鳥兒感到緊迫而不孵蛋。減少人為干擾與鼠類的入侵是提升繁殖成果的必要措施。
胚胎體質不健全	當親鳥無法攝取到足夠的營養時，其胚胎的體質不健全，在孵化的過程中，因無法發育良好而死亡。

Info★ 孵蛋是母鳥的天性

常有飼養者擔心母鳥是否會孵蛋而做出一天到晚翻開巢箱、撥弄母鳥、拿出蛋來觀察等干擾母鳥孵蛋的行為。事實上，母鳥不但會孵蛋，更知道要何時翻動蛋與照顧每一顆蛋。人為的干擾通常是鳥兒孵蛋失敗的一大主因。

小鳥誕生了

母鳥孵蛋一段時間後，小鳥會自行將蛋殼敲開破殼而出。剛孵化的小鳥並無自行進食的能力，必須靠親鳥餵食哺育。此時必須多加留意供應給親鳥食物是否充足，並添加營養補充品，讓親鳥有足夠的食物哺育幼鳥，讓幼鳥順利長大。在這段期間要將對親鳥及小鳥所有的外在干擾降到最低。

從破殼到取出手養

 破殼前的前兆

胚胎已成為鳥的形狀，幾乎塞滿整個鳥蛋，因此鳥蛋看起來顏色會變深。

注意事項 在母鳥孵蛋時，都不要去干擾母鳥，連巢箱都不能看，以免驚嚇母鳥造成蛋無法孵化。

 破殼而出

鳥寶寶利用它的卵牙（egg tooth）繞著蛋殼敲一圈，即破蛋而出。

注意事項 同樣地，幼鳥孵出前不要去干擾母鳥，也不要窺看巢箱。

 親鳥餵食

當幼鳥破殼而出後，親鳥即擔負著撫育幼雛的責任。這時親鳥會將留存在嗉囊中的食物反哺給幼鳥食用。剛孵育出來的幼鳥極為脆弱，唯有透過親鳥的撫育取得充足的食物，存活率才會高。

注意事項 為了哺育幼鳥，親鳥的食量會變得很大，因此這時必須提供充足的食物及水分。

 取出幼鳥開始手養

可依鳥的種類，將15～30天大已長羽管的幼鳥取出手養。

注意事項 若將天數太小的幼鳥抓出來，飼養困難度會增加，所以等幼鳥的身體冒出羽管後，再抓出手養較為恰當。

母鳥棄養的原因

母鳥不會無緣無故棄養幼鳥，當發現母鳥棄養幼鳥時，多半是以下的原因：

1 驚嚇

因為外在的干擾如老鼠或是貓狗的驚嚇都會讓母鳥棄養幼鳥，所以在繁殖前就應該規畫好，將鳥籠放置在安全且安靜的地點。在幼鳥離巢前的成長期間都不能在鳥籠附近從事吵雜的工作。

2 飼主翻巢箱

飼主翻巢箱觀察母鳥會不會餵食幼鳥是最常見的棄養原因。如同孵蛋一樣，餵食幼鳥也是母鳥的天性，不需要去干擾他們。若要知道幼鳥成長情形只能數天開一次巢箱，且看一眼就要迅速關起來。翻巢箱會造成鳥媽媽的緊迫，有時會去咬幼鳥、拔幼鳥的毛甚至傷害幼鳥。所以絕對不要因為好奇而去翻巢箱，這樣會讓幼鳥受傷。

3 食物量不夠

食物量短缺會造成親鳥棄巢。所以要提供無限量的食物供給他們食用。不要因食物供應不足影響繁殖的結果。飲用水的更換也是一個重點，有些鳥常會把水弄得很髒，所以要一直更換乾淨的水，免得親鳥不食用髒水造成棄巢。

4 曾經取出過幼鳥

如果在蛋孵化後，就把雛鳥或幼鳥取出來自己餵食的話，有些母鳥會覺得到達這個時間點幼鳥就會不在了，反而會不想餵食幼鳥。所以最好在第一胎與第二胎時都讓幼鳥養到離巢，就不會有這個現象了。

5 天災

地震、寒流與颱風通常讓鳥兒感到十分驚恐，這時會發生鳥兒棄巢的情況。所以事先做好相關的防範措施就可以避免這個現象。

Info★ 取出幼鳥手養餵食的時間點

　　取出幼鳥手餵的時間點通常是在幼鳥長出羽管之後才適合。以中小型鸚鵡來說大約是在20～30天之間左右就可以取出手養。這時的幼鳥大約只需要一天餵食3～5餐。此時因為羽毛也漸漸地長出，保溫措施可以不用很嚴格。

第一次養鳥就上手

第 **9** 篇

認識鳥兒疾病與學會護理

鳥兒所處環境整潔、溫度變化、飲食、運動量多寡
等因素都影響了鳥兒健康。若能預先掌握維護鳥兒
身心健康的基本原則，確實執行，就能管理好鳥兒
的健康，讓鳥兒生病的機率大為降低。

本篇從維持鳥兒健康的六項原則開始談起，並帶領
讀者認識專業的鳥醫院及如何挑選好的鳥醫生。學
會辨識鳥兒的病徵，有助於飼主做好疾病管理。當
鳥兒不慎發生意外時，在送醫前懂得急救方法，即
能緩解鳥兒痛苦。

本篇教你：

☑ 維護愛鳥健康　　　☑ 了解醫師的檢查方式

☑ 認識鳥醫院　　　　☑ 病鳥的照顧與餵藥

☑ 辨識鳥兒生病的跡象　☑ 意外狀況的處理原則

☑ 幫鳥兒驅蟲　　　　☑ 無法再繼續飼養鳥兒的處理

☑ 認識鳥兒的疾病　　☑ 鳥兒的離去

☑ 就醫準備事項

維護鳥兒健康的基本守則

希望自己的愛鳥可以健健康康、長長久久地陪伴自己，平時得多加用心，並兼顧鳥兒的心理健康。現今台灣的養鳥環境比以前進步得多，市面上有很多對鳥兒健康有幫助的主食、營養品或是對鳥兒心理健康有益的玩具，加上觀賞鳥醫療的進步，想要維護鳥兒的身心健康並不困難。

維持健康的八項原則

要維護愛鳥的健康，必須維護鳥兒身體上跟心理上的健康，注意環境的清潔，並在引入新鳥時，做好適當的隔離。

1 營養均衡 提供給鳥兒多樣化的飼料，以及選用專家調配的特級營養飼料。另外依季節或功能的不同，補充日常、換羽、繁殖等各種維他命。而鳥兒也需要蛋黃營養補充品，平日換羽及冬天提供專用的蛋黃粉補充額外的能量。當鳥兒獲得足夠的營養，免疫力大大提升後，就不易受到疾病的侵襲。

2 適度運動 讓鳥兒定期定時出籠運動，多多鍛鍊肌肉、肺活量，以增強鳥兒的體力，並且讓鳥兒藉由運動或是外出舒緩身心。鳥兒的體力好就不容易生病。

3 健康檢查 每半年讓專業的鳥醫生定期替鳥兒檢查，以確保鳥兒沒有染上主人沒有注意到的疾病。

4 良好互動 除了注意鳥兒的生理健康外，鳥兒的心理健康也很重要。既然飼養鳥兒做為寵物，就要照顧、關心鳥兒，回饋鳥兒陪伴我們的日子。若是缺乏主人的寵愛關照，鳥兒的心理狀況在不健康的狀況下，除了會產生行為偏差，還會間接影響到生理狀況。

5 環境清潔

鳥兒居住環境必須乾爽通風，時常清潔打掃。髒亂的環境容易藏納細菌，滋生蚊蠅並污染鳥兒的食物及飲水。鳥兒如果吃進不乾淨的食物，接觸到過多的黴菌，會引發內部身體內部發炎長霉。

6 新鳥隔離

若購入新來的鳥兒，在不知道新鳥有無隱藏的疾病之前，必須先做隔離。新來的鳥兒先放置在單獨的空間，不能直接讓新鳥靠近家裡原有的鳥，可以保障原有鳥兒的健康。

7 遠離地面

讓鳥兒遠離地面及外面的土地。地面上或是土壤隱藏較多細菌，家裡飼養的鳥並不常接觸這些細菌，也無法抵抗細菌所帶來的傷害。讓鳥兒盡量在桌面上、人的手上和互動，不要讓鳥兒在地面上玩耍。

8 定期洗澡

常常替鳥兒洗澡，補充換羽維他命有助於維持鳥兒羽毛的健全功能。羽毛是鳥兒的防護衣，可以幫助鳥兒禦寒，同時，也讓鳥兒脆弱的皮膚不會直接接觸到外來的物質，保養鳥兒的羽毛為維持鳥兒健康的重要方式。

Info* 小心其他動物對鳥的傷害

有些動物像是狗、貓等，都喜歡追逐會動的小東西，當這些動物看到鳥兒也會特別興奮，所以帶鳥外出或是把鳥籠放在家門外，要注意是否有動物會偷襲鳥兒。此外，老鼠也會咬鳥，扯掉鳥的尾巴。當你每天早上發現鳥掉落大量的羽毛，就要注意是否有老鼠侵家中咬鳥。

認識專業的鳥醫院

鳥在分類學上屬於鳥綱，和貓狗等食肉目動物有著不同的生理結構。鳥的種類繁多，差異性大，和寵物大宗貓狗的醫療方式也有很大的差別。唯有治療鳥兒疾病的專門醫院才能提供鳥兒專業、完善的診療，當鳥兒生病時，才能診治鳥兒、給予專業的醫療諮詢與病理檢驗。

鳥醫院的六項功能

鳥醫院不但具有診療鳥兒疾病提供醫療資訊的功能外，專業的鳥醫院也能以專門的儀器檢驗鳥兒的性別。

1 健康檢查

鳥醫院可以替鳥兒做基本的健康檢查，從測量體重、各式檢驗如嗉囊、身體外觀、糞便、血液等，得知鳥兒的健康狀況。

2 醫療諮詢

鳥醫院可以提供你鳥兒的基本醫學常識，以及就診前應該要準備的步驟。鳥醫院也能告訴你如何替鳥兒體內驅蟲，並安排時間表。有些附設鳥類販賣店的醫院，還能教導你如何正確飼養鳥兒。

3 診療疾病

替鳥兒看病醫療是鳥醫院最主要的功能，鳥兒特有的疾病必須在鳥醫院才可獲得妥善完整的治療，而鳥兒專屬的藥品也只有專門的鳥醫院來處方提供。

4 病理檢驗

有些鳥類疾病所造成的原因，必須透過組織切片做病理檢驗才能得知。專門的鳥醫院具備病理檢驗的技術，檢測出鳥兒的病因。

5 性別檢驗

有些鳥醫院也會替鳥做性別檢驗。有些鳥醫院是使用專門儀器以內試鏡方式判別性別，而有些鳥醫院則設有實驗室，以羽毛或血液來做DNA分析。

6 預防注射

賽鴿也是鳥類的一種。賽鴿必須注射的疫苗種類有很多，只有鳥醫院能提供這種服務。而台灣目前並無引進觀賞鳥專用的疫苗。

如何挑選好的鳥醫生

好的鳥醫師可確保鳥兒獲得最佳的醫療，可從鳥醫師的證照、經驗、儀器、態度等多方評估、挑選。

1 證照是否齊全？

首先，一定要確認醫生是否真正受過良好訓練。注意醫生是否擁有獸醫師執照、開業執照、執業執照三張證書，並確實比對獸醫師是否就是證書的擁有者。

2 經驗很充足嗎？

精通觀賞鳥疾病的醫生必須經驗豐富、執業過很長的時間。請經驗豐富的醫生替自己的鳥兒看病，才不會讓自己的鳥成為理論派新手醫生的實驗品。

3 擁有先進儀器？

醫院擁有愈多先進的儀器，愈容易快速地診斷出觀賞鳥的疾病。醫院添購這些設備也表示鳥醫師很積極，在設備添置上有實質的作為。

4 能否清楚解說？

醫生如果對病情不甚了解，含糊帶過，就表示經驗不足，學養不夠。專業、學養豐富的鳥醫師，會跟你充分解釋鳥的病情，並告訴你為何要這樣醫療鳥兒。

Info 請勿只用電話問診

專業鳥醫師常會遇到的困擾就是飼主只在電話中述說鳥兒病情，而不帶鳥去看醫生。雖然現今的專業鳥醫師並不普遍，但鳥兒的醫療並不是只有單純述說病情這麼簡單，必須經過醫生仔細觀察鳥兒的身體外觀，檢查口腔、嗉囊、糞便等等，才能做出最正確的診斷。因此，就算要花時間跑一趟醫院，路途可能會遠一點，也不要吝嗇於讓鳥兒獲得最正確的醫療方式。

辨識鳥兒生病的跡象

鳥兒的體積小，身體新陳代謝速度快，因此當鳥兒生病初期馬上就醫，鳥兒的治癒率會比較高，如果拖延一段時間，就很難醫治好。飼主如果可以在第一時間，仔細感受到鳥兒和平時不同之處，馬上檢查、就醫，並配合醫生的處方，並按時餵藥，鳥兒才容易擁有良好的恢復情況。

鳥兒生病的各種病徵

生病的鳥兒，會在行為上及生理上有所改變，如果感覺到鳥兒有異常的行為舉動，就必須馬上帶鳥兒就醫，以免延誤病情。

1 眼睛無神或是緊閉

鳥兒因病感到身體不適，會增加睡覺的時間，並且雙眼無神。有時只閉著單眼，也是特定疾病如飼鳥病所造成的現象。

2 羽毛蓬鬆

生病時，鳥因為怕冷所以會把羽毛蓬鬆以保暖。當觀察到鳥兒的羽毛蓬鬆時，多半已經生病。

3 站姿改變

平時鳥兒的站姿挺立，而生病時站姿會傾向一邊，或是身體無力而伏低在棲木上，有時甚至無法站立在棲木上而躲在籠底的角落。

4 呼吸急促

看到鳥兒呼吸比平常急促，胸部起伏很大時，表示生病得很嚴重了。

5 羽毛脫落

某些病毒所造成的病徵如鸚鵡喙及羽毛感染症（PBFD）及法蘭西斯換羽症會使羽毛不正常脫落，這時應送至專業的鳥醫院請醫師做病理檢測。

6 體重減輕

幾乎所有疾病所造成的結果就是體重減輕。體重是健康的指標之一，也是最科學的檢驗方式，定時替鳥秤體重可確實得知鳥兒的健康狀況。

幼鳥的病徵

幼鳥遠比成鳥脆弱，平時必須多觀察幼鳥狀況，一旦發現食慾、精神、體重及消化速度有異常，就必須馬上送醫以免延誤病情。

1 行為改變

生病的幼鳥會嗜睡造成活動力降低，也不太想動。如果發現幼鳥的行為有變化，不管是否有其他徵兆，就要帶至獸醫院檢查。

2 身體冰涼

鳥的體溫有40℃左右，正常的幼鳥觸摸起來，感覺上是很溫暖的。如果觸摸起來稍微有冷冷的感覺，表示幼鳥體溫無法正常調節，甚至有失溫的可能，這也是生病的現象之一。

3 嘔吐現象

幼鳥產生嘔吐現象顯示病情已經嚴重到一定的程度，嗉囊裡的食物也可能發生酸化腐敗。

4 食慾降低

疾病會造成幼鳥的食慾不佳。幼鳥生病時，在餵食的時候會顯現出進食意願降低，食量也變小。

5 消化速度減緩

鳥兒生病的時候，腸胃系統會馬上受到疾病的影響，整體消化速度變緩慢。幼鳥的消化速度可以從嗉囊消化飼料的反應看出來，如果你發現幼鳥在應該餵食的時間，上一餐的食物只消化一半，那就表示幼鳥的健康已經出問題了。

6 羽毛發育不良

幼鳥的羽毛生長快速，通常中型鳥在兩個月之前、大型鳥在四個月之前羽毛都會長齊。當鳥兒羽毛生長突然緩慢下來，可能表示所提供的營養不夠，必須添加額外的營養。另外可能的原因就是幼鳥生病了，消化系統無法正常運作吸收足夠的營養以滋養羽毛。

Info* 鳥兒生病時需隔離

當鳥兒生病時，一定要將生病的鳥兒和其他鳥兒隔離開來，將病鳥移到另一個空間，讓健康的鳥不會接觸到病鳥及其羽毛排泄物。另外，觸摸過病鳥後，如要再碰其他的鳥也需先洗手消毒，以免病情擴及其他的鳥。等到病鳥完全康復一到二星期後，才能跟其他的鳥接觸。

幫鳥兒驅蟲

將鳥買回家，並等到鳥兒適應環境後，就必須替鳥兒驅蟲。

首先，請獸醫師幫鳥兒檢查糞便裡是否有體內寄生蟲，以及看外表是否有體外寄生蟲。做完檢驗之後，就要替鳥兒做一套體內外完整的驅蟲流程。往後只要定期做體內外寄生蟲預防性投藥即可。通常只要是國內飼養繁殖出來的小鳥，鮮少有大型體內寄生蟲如條蟲、蛔蟲寄生。反而是國外進口的鳥類，因為很多飼養在大型鳥舍，容易接觸到地面，才容易感染到這類型的寄生蟲。

認識鳥兒常見的寄生蟲

體內寄生蟲

常見寄生蟲	症狀	預防	治療
條蟲寄生 （大型寄生蟲）	條蟲感染造成體能降低、消化不良、腸道阻塞、營養吸收不佳等症狀。	不讓鳥接觸地面及未驅蟲的新鳥。定期投藥預防。	使用鳥兒專用的體內蟲治療劑
蛔蟲寄生 （大型寄生蟲）	蛔蟲感染造成鳥兒吃得多卻長不胖，並有生長遲滯、消瘦、消化不良以及下痢等症狀。	不讓鳥接觸地面及未驅蟲的新鳥。定期投藥預防。	使用鳥兒專用的體內蟲治療劑
毛細線蟲寄生 （小型寄生蟲）	毛細線蟲感染貧血、血便、腸發炎、消瘦、消化不良、下痢等症狀。	不讓鳥接觸地面及未驅蟲的新鳥。定期投藥預防。	使用鳥兒專用的體內蟲治療劑
球蟲寄生 （肉眼看不見）	有時沒有明顯的症狀，但有可能會持續排水便。	不讓鳥接觸地面及未驅蟲的新鳥。定期投藥預防。	使用鳥兒專用的球蟲治療劑

常見寄生蟲	症狀	預防	治療
毛滴蟲寄生 （肉眼看不見）	由滴蟲類原蟲寄生在食道、喉嚨、嗉囊所引起。受感染的鳥食量減退，並排綠色水便、疲倦。嚴重時口腔內、食道及嗉囊結乾酪狀黃色結節，併發其他感染時也會造成死亡。	不讓鳥接觸地面及未驅蟲的新鳥。定期投藥預防。	使用鳥兒專用的毛滴蟲蟲治療劑
疥癬寄生 （看得到寄生的增生物）	由疥蟲寄生在頭部的鳥嘴、鼻孔周圍、及雙腳上，為白色鱗片狀的增生物。	隔離病鳥	使用治療疥癬的軟膏

體外寄生蟲

常見寄生蟲	症狀	預防	治療
羽蟲 （肉眼可見）	羽蟲寄生在鳥兒的羽毛上，以鳥兒的皮屑、羽毛為食。	不讓鳥兒接觸到野鳥及未驅除體外蟲的新鳥。	使用體外蟲噴劑
蟎蟲 （隱約可見）	體型像是白色麵粉大小，夜間時，若觀察鳥兒的羽毛，可看到白點在移動，啃食羽毛，會讓鳥兒的羽色黯淡。	不讓鳥兒接觸野鳥及未驅除體外蟲的新鳥、病鳥。	使用體外蟲噴噴樂
氣囊蟎蟲	寄生在鳥兒氣管裡，造成鳥兒呼吸發出咻咻等異常的聲音。	不接觸野鳥及未驅除體外蟲的新鳥、病鳥。	使用治療氣囊蟎蟲的專用藥劑。

Info★ 我會被鳥兒的體外寄生蟲傳染嗎？

　　目前為止，並沒有明顯的事實證實鳥兒的體外寄生蟲會感染人類，人類的毛髮結構和鳥兒不太相同，並不適合鳥類的體外寄生蟲生存。驅除鳥兒的體外寄生蟲很容易，只要將驅除體外蟲產品，噴在鳥兒的身上、籠舍四周即可。除非鳥兒接觸到外來的麻雀及野鳥，不然不會再感染體外寄生蟲。請注意，務必使用鳥類專用的體外蟲驅除劑，若使用他種動物所用的驅蟲產品，會讓鳥兒中毒死亡。

健康原則
挑選醫院
辨識病徵
驅蟲
常見鳥疾病
就醫準備
認識檢驗
病鳥照護
意外傷害
常見意外
無法飼養
往生處理

體內外驅蟲的注意事項

替鳥兒體內外驅蟲前，必須先帶鳥兒到鳥醫院做檢查，並遵照醫生所開的藥品與劑量使用。而驅蟲後，幫鳥兒補充營養，做驅蟲後的保養。

使用殺死體內蟲藥劑的注意事項

- 替鳥兒投藥驅除體內蟲時，需選擇鳥兒較為穩定的時期以及非繁殖期時投藥為佳。如果購買的是剛進口的鳥類，務必要在鳥兒穩定後開始除蟲。

- 如果鳥兒感染的是如蛔蟲、條蟲等體內寄生蟲，投藥後一兩天鳥兒會排出大型的長條狀寄生蟲。此時，一定要儘速將蟲體丟棄，並消毒籠舍。

- 投藥驅蟲後，就必須替鳥兒補充維他命、電解質、腸道營養品等，舒緩寄生蟲對鳥兒健康上的傷害。

使用消滅體外蟲藥劑的注意事項

- 使用這類產品時，請注意中文說明上的使用方式。

- 在除蟲過程中，除蟲產品會限定對鳥兒身上噴的次數。雖然除蟲產品是針對鳥兒所設計，但畢竟這些產品也是殺蟲劑製品，使用上要有所節制。

- 對鳥兒噴灑體外驅蟲產品時，可另請人遮住鳥的頭部，以免藥劑噴進眼睛。此外，務必噴灑在鳥兒兩邊翅膀內側，這是寄生蟲喜歡躲藏的地方。如果是頭部的驅蟲，可先將產品噴在手上，再幫鳥兒均勻地抹在頭上。

- 吸蜜鸚鵡對於殺蟲劑很敏感，盡量不要使用體外蟲噴劑。

- 體外蟲藥劑除了噴灑在鳥兒身上外，也要將鳥兒的籠子、四周噴灑，以徹底杜絕體外寄生蟲。

鳥兒的疾病

鳥兒難免會生病。疾病的成因很多，如體內外寄生蟲、細菌、病毒、營養不良、老化等所造成的疾病。鳥類間可互相傳染的有寄生蟲、細菌、病毒等所造成的疾病。其中又以病毒所造成的傳染疾病最難處理，甚至有些會讓鳥兒致死的病毒會潛伏在鳥體中很長一段時間，當鳥兒免疫力下降時，即會爆發疾病而致死。這些疾病的治療務必給鳥醫師看診處方，切勿胡亂猜測自行下藥。

鳥兒常見的疾病

鸚鵡熱

種類	細菌性疾病。此為人畜共通傳染病。
說明	常見於觀賞鳥之間的傳染疾病，由披衣菌所引起。
傳染途徑	接觸到病鳥的排泄物、羽屑、受到披衣菌污染的水及飼料等。
症狀	食慾不振、精神萎靡、眼鼻有分泌物出現、下痢。
預防	增強鳥兒免疫力、環境清潔消毒、隔離病鳥。此時飼主不要碰觸到鳥兒排泄物、親吻鳥兒的嘴巴，並常清理鳥籠就不會感染。

副傷寒

種類	細菌性疾病。
說明	由沙門氏菌所引起的疾病，除了最常引起腸道型症狀外，另外也可能發生關節型、內臟型、神經型、急性型等症狀。
傳染途徑	經由糞便、唾液、產蛋時將沙門氏菌排出體外。少數經由污染的飼料、飲水、空氣傳染、卵巢或產蛋後沙門氏菌穿透蛋殼而傳染。
症狀	最常見的類型為腸內型，導致鳥兒消化遲緩、排綠便，糞便呈現黏稠泡沫狀，並帶有惡臭。
預防	隔離病鳥、消毒環境。平時飼料裡添加含有FOS（fructooligo-saccharides）的腸道保健品或使用含有FOS的鳥類飼料。FOS可讓沙門氏菌感染的鳥類比例從91.67%減少到25%。

健康原則
挑選醫院
辨識病徵
驅蟲
常見鳥疾病
就醫準備
認識檢驗
病鳥照護
意外傷害
常見意外
無法飼養
往生處理

巨細菌症

種類	細菌性感染。
說明	巨細菌會影響鳥兒胃部的運作，降低胃的吸收功能，並減少胃酸分泌。
感染途徑	透過病鳥糞便、受污染的水及飼料感染。
症狀	腸道不適、嘔吐出黏液、倦怠、啄羽、消瘦。
預防	平日在飲水裡面添加鳥兒專用的有機酸，可抑制巨細菌的繁殖，調整腸道的酸鹼平衡。

鸚鵡喙及羽毛感染症（PBFD）

種類	病毒性疾病。目前沒有藥物可以治癒。
說明	為一種環狀病毒所引起的觀賞鳥間的傳染病，帶原鳥類也可能沒有任何外在的症狀。此種疾病很容易發生在巴旦類鸚鵡及虎皮鸚鵡身上。
傳染途徑	接觸到病鳥的排泄物、羽屑。
症狀	鳥兒不正常掉毛。
預防	增強鳥兒免疫力、環境清潔消毒、隔離病鳥。

法蘭西斯換羽症

種類	病毒性疾病。目前沒有藥物可以治癒。
說明	由polyomavirus病毒引起的觀賞鳥傳染病，常由親鳥直接傳染給幼鳥，而受到感染的幼鳥，飛羽與尾羽容易掉落，造成鳥兒像是小雞般，只會奔跑不會飛行。
傳染途徑	接觸到病鳥的排泄物、羽屑。
症狀	尾羽與飛羽的脫落，羽毛不正常生長。
預防	增強鳥兒免疫力、環境清潔消毒、隔離病鳥。

前胃擴張症

說明	發病的鸚鵡有前胃擴張的症狀，此種疾病必須做組織切片或是照X光才能診斷出來。目前並無確實有效的藥可以治療。
傳染途徑	病鳥的羽屑、排泄物等。
症狀	排出沒有消化的種子，嘔吐、食慾可能降低或增加，消化遲緩。
預防	有時鳥兒會帶原但不發作。維持鳥兒的健康、增強免疫力，即使在帶原情況下，只要不發作，鳥兒生活情況和正常的鳥兒是一樣的。
症狀	排出沒有消化的種子，嘔吐、食慾可能降低或增加，消化遲緩。

健康原則

挑選醫院

辨識病徵

驅蟲

常見鳥疾病

就醫準備

認識檢驗

病鳥照護

意外傷害

常見意外

無法飼養

往生處理

麴菌症

種類	黴菌性疾病。
說明	由麴菌這種黴菌感染氣囊、肺部器官所造成的。
傳染途徑	食用含有麴菌的飼料,通過食道時感染。
症狀	鳥兒張嘴、呼吸困難,在嘴喙裡及喉嚨裡可發現白色異物。
預防	提供鳥兒保鮮方式良好(如氮氣包裝)的飼料,以免鳥兒吃入長有黴菌的飼料,並保持飼養環境的清潔。

念珠菌症

種類	黴菌性疾病
說明	當鳥兒生病及免疫力降低時,原本普遍存在體內的念珠菌族群會快速增生,而引發念珠菌症。
傳染途徑	體內長存菌種,在受到疾病感染時大量增殖。
症狀	發生在幼鳥身上時,幼鳥口腔生長白點,並且會快速增生,最後呈現白色塊狀,造成幼鳥吞食困難甚至拒食、無精打采、嗉囊璧變厚、甚至會阻塞呼吸道而死亡。念珠菌也是造成嗉囊炎的主因。成鳥生病時體內念珠菌也會快速增加。
預防	保持鳥兒健康,以免生病引發念珠菌的增生。而餵食幼鳥時,飼料溫度保持在39度以上,並確實替幼鳥保溫。

血鐵沉著症

種類	因特殊鳥種如吸蜜鸚鵡的生理結構無法代謝鐵質,所造成的疾病。
說明	有些鳥類的肝臟無法代謝鐵質,因體內鐵質過多造成死亡。
傳染途徑	透過食物攝取過多鐵質。
症狀	平時可能沒有任何異常,一旦攝取的鐵質超過身體所能負荷的量就可能會死亡。
預防	如飼養吸蜜鸚鵡、九官鳥、大嘴鳥、蕉娟等一些無法代謝鐵質的鳥類,必須使用低鐵配方的專用飼料。

鈣質缺乏症

種類	鈣質不足所引起的疾病
說明	鈣質不足會引起鳥兒抽筋;缺鈣的幼鳥會發生軟腳症,幼鳥無法正常站立;而成長過程中缺鈣的鳥兒,其胸骨會發生彎曲,有些鳥種如非洲灰鸚鵡需要大量的鈣質,如果缺乏,骨骼生長不佳,還會影響飛行能力。繁殖期的成鳥,如果不提供足夠的鈣質,其幼鳥的雙腳會不正常分開或是畸形。
預防	飼養幼鳥或成鳥時,須補充足夠的鈣質,並選擇水溶性、吸收率高的鈣質為佳。

白內障

種類	老化疾病
說明	常見於年紀比較大的白文鳥及八哥。
症狀	眼睛瞳孔裡有白色的組織，行動變得遲緩不靈活。
預防	讓鳥兒多攝取維他命A的食物。如果是變種鳥類，如紅眼睛的白文鳥，不要常常曝曬於太陽下，應飼養於紫外線較弱的地方。
老鳥的飼養	放飼料及水的位置固定在鳥兒熟悉的地方，即使鳥兒已經有白內障，還是可以正常生活。

甲狀腺腫大

種類	缺乏碘所引起的症狀。
症狀	呼吸困難、吞嚥困難
說明	位於鳥兒氣管兩側的甲狀腺，因為缺碘而腫大，當腫得愈來愈大時會壓迫到氣管、食道，這兩者被壓迫會造成呼吸跟吞嚥不易，漸漸地鳥兒無法進食、呼吸障礙而死亡。常見於虎皮鸚鵡這種小鸚鵡。
預防	補充添加碘質的碘鈣塊。

Info* 有肝病的鳥兒

　　有時鳥兒肝臟有疾病或是營養不良時，會反應在羽毛的顏色上。偶爾在市面上可以看到羽毛上具有紅斑的鳥類，當你發現同種鳥類並不具有這樣的特徵時，就該合理地懷疑是否為肝病或是營養不良所造成的，鳥兒的肝病有時會反應在羽色異常的變化上。

就醫前的準備事項

帶鳥兒就醫時，為了讓醫師可以順利地判斷鳥兒的疾病，並讓看診過程更順利，可預先做好準備，如預約看診時間、讓鳥禁食、收集鳥的糞便等。而鳥的病徵和行為上的改變飼主在看診前也需事先弄清楚，提供正確的訊息，才能協助醫師做正確的判斷。

就醫前的準備事項

帶鳥兒就醫前，可預先做好準備以利獸醫師做更精準地檢查；而運輸病鳥時一定要注意保溫，否則鳥兒可能會失溫而死亡。

 Step 1 ▶ **預約看診時間**

先跟獸醫師約好時間，以免鳥兒到醫院時還必須排隊等待或是遇上獸醫師不在醫院的情況。

Step 2 ▶ **鳥兒禁食數小時**

醫師做嗉囊檢查時，最好是鳥兒嗉囊沒有食物時最為方便精確。所以在送鳥到醫院幾個小時前，先把鳥的飼料拿起來，不讓鳥兒進食；如果是幼鳥，就診前不要餵食。

Step 3 ▶ **收集糞便**

糞便的檢查可以透露出很多疾病的線索，因此盡量留下鳥兒最近一次的排泄物，讓醫師檢查裡面是否有雜菌、寄生蟲、寄生蟲卵、念珠菌等等。

Step 4 ▶ **妥善舒適的運輸與做好保暖**

鳥兒生病時，身體狀況與抵抗力較差，因此送至醫院就診時，需準備好讓鳥兒比較舒服的運輸方式，運輸籠及運輸工具都要選擇讓鳥兒比較不會緊迫的種類，並加以保溫，讓鳥兒不會因運輸過程安排不當而加重病情。

健康原則

挑選醫院

辨識病徵

驅蟲

常見鳥疾病

就醫準備

認識檢驗

病鳥照護

意外傷害

常見意外

無法飼養

往生處理

醫生的問診內容

醫生可以透過鳥兒的基本資料、病史、檢查來做為疾病的判斷。在就醫之前，你必須準備回答醫生可能會問的問題。

1 鳥兒的基本資料

醫師會問你鳥種、鳥兒的名字、年齡、性別、購買來源（繁殖場、寵物店）、已經養了多久，是否為養鳥新手等等。

2 飼養的方式

醫生會問你鳥兒食用哪種飼料、平時營養補充情況、是否有做好清潔工作？最近鳥籠是否換過位置、或是鳥兒的生活是否有改變？鳥兒有誤食任何東西嗎？

3 鳥兒的病徵

醫師會問你鳥兒的主要症狀、症狀開始的時間、嘔吐、排泄次數、消化速度、是否有血便或是帶有沒消化的種子、是否有先給鳥吃過藥、鳥兒行為上有何改變，例如食慾降低、嗜睡、活動力降低、不太叫、不想講話等等。

4 鳥兒的外觀

醫師會問你鳥兒體重是否減輕、羽毛是否脫落、換毛？或是有啄羽嗎？

faq　鳥兒看病很貴嗎？

目前在台灣，鳥兒看病的收費比診治貓狗疾病便宜許多。帶鳥至醫院診治的收費，要看檢查的項目多寡、所開立的藥品項目、額外的營養補充品、是否有注射等而定。如果是治療普通的疾病，獸醫的收費都在1,000元以下，如果帶有複雜的檢驗項目及手術，所需費用就會在數千元左右。

了解鳥醫生的檢查方式

事先知道鳥醫生如何替鳥兒做檢查及診療，就可以在帶鳥看診前先做準備。鳥兒生病並無法跟醫生述說病情，主人提供鳥兒病情及觀察，也是醫生判別的重要依據。

鳥醫生的檢查方式

醫生會利用一些科學儀器、實驗室器材來替鳥兒做檢驗，這樣方式可以幫助醫師，除了配合主人的病情述說，透過精確的檢驗以達到判別疾病的目的。檢驗方式有很多種，醫師會針對病情來決定需要用到那些儀器加以輔助。

1 嗉囊檢查

初次帶鳥去看病，你可能會對醫生這個檢驗方式感到驚訝，但這是最常使用的檢查方式。醫生會要求你將鳥固定好，並將棉棒伸入鳥兒嘴裡到達嗉囊，沾取嗉囊壁上的樣品來做顯微鏡檢查。

2 糞便檢查

醫師將鳥兒的糞便做成顯微鏡的抹片，從糞便檢查裡可以看出鳥兒是否有寄生蟲、或是過多的真菌及細菌。

3 口腔目視檢查

醫生會觀察鳥兒的口腔是否感染真菌細菌而發生不正常的增生情況。

健康原則

挑選醫院

辨識病徵

驅蟲

常見鳥疾病

就醫準備

認識檢驗

病鳥照護

意外傷害

常見意外

無法飼養

往生處理

④ 血液檢查

醫生藉由採取鳥兒的血液，透過血液分析檢查紅血球、白血球、血小板以及其他血液化學的分析，可得到一些寶貴的資訊。血液分析還可以得知甲狀腺的疾病及某些金屬中毒。另外透過血液做DNA分析可以得知鳥兒是否感染鸚鵡喙及羽毛感染症（PBFD）。

⑤ 觸診

鳥兒身體有羽毛覆蓋，體積又小，有時可能骨折從外表看不出來，醫生可靠觸摸來判別。藉由觸診也可以了解鳥兒是否體表有生長腫瘤。

⑥ X光檢查

透過照射X光觀察鳥兒的體內，這項檢驗可以看出體內的器官、形狀大小是否有改變，體內是否有異物或是骨骼變形、碎裂等等。

Info* 不能直接自行買藥給鳥吃

鳥兒的疾病相當多種，必須經過專業鳥醫生的診斷及專業的處方，才能順利地醫療鳥兒的疾病，因此絕對不能隨便買藥給鳥兒吃，也不能拿人的藥給鳥服用。自行找藥餵食鳥兒是拿鳥兒的性命開玩笑，很多人會直接找抗生素給鳥吃，這樣的做法不但延誤了鳥兒的黃金醫療時間，後續更會造成醫師的困擾。

病鳥的照顧與餵藥方式

鳥兒生病時的醫療是由專業鳥醫師來診斷執行，而鳥兒後續的重要照護工作就是飼主的責任了。病鳥的照顧跟健康的鳥兒有很大的不同，飼主照顧妥當，鳥兒的恢復情況就會比較良好。鳥兒要痊癒，除了醫生的專業診療外，後續的照顧品質好壞，也影響了治療的結果。

病鳥的照顧與需求

提供病鳥最妥善的照顧，有助於鳥兒恢復健康。照顧病鳥首要為讓鳥兒處在安靜溫暖的環境，並盡可能餵食鳥兒好消化的幼鳥營養素及添加維他命，維持鳥兒體力，增加抵抗病情的能力。

1 保溫

病鳥因食慾不佳，進食量低，無法獲得足夠的熱量。因此，即使天氣炎熱，仍需保溫。病鳥的食慾通常會降低，須額外的保暖以維持身體的運作，並有助於身體加速恢復健康。保溫方式可用發熱燈泡、電暖氣、暖暖包等。此外，另準備溫度計來測量，以免加熱過度。

2 餵食

病鳥可以恢復健康的關鍵因素就是持續地進食。生病的鳥兒食慾通常會下降，但如果已經開始不進食，很快地體力就會撐不住，更別說抵抗疾病了。這時必須多供給病鳥愛吃的食物，讓鳥兒有意願多進食。若是鳥兒喜歡喝幼鳥時喝的營養素，此時可以泡給鳥兒喝，讓鳥兒可迅速恢復體力抵抗疾病。

3 添加電解質

病鳥的排泄物中水分會增加，此時，必須補充電解質，以免鳥兒脫水。可在鳥兒飲用水裡添加適量的電解質，並且提供水果或是果汁，讓鳥兒多多攝取水分。

4 休息放鬆

將鳥兒安置在可以好好休息放鬆的地方，讓鳥兒的體力可藉由足夠的休養而恢復。吵雜的環境會增添鳥兒的壓力緊迫，這樣的環境並不適合生病的鳥兒。

健康原則

挑選醫院

辨識病徵

驅蟲

常見鳥疾病

就醫準備

認識檢驗

病鳥照護

意外傷害

常見意外

無法飼養

往生處理

| 5 仔細觀察 | 主人需仔細地觀察鳥兒每天的狀況，觀察病情的變化，並落實測量體重，檢視鳥兒的排泄物變化等等，並做好觀察記錄。因為鳥兒不會說話，醫生問診時，主人的觀察記錄可協助醫生做病情診斷。 |

餵藥訣竅

按時餵鳥兒吃藥才能讓鳥兒恢復健康。餵藥時，必須掌握餵藥的訣竅，鳥兒才會較配合服用醫師所開立的藥方。

 按時餵藥

要按時餵鳥兒吃藥，才能達到應有的效果。如果沒有準時餵藥，也沒有依照醫生指定的次數，會讓感染鳥兒的細菌更加頑強，增加抗藥性，反而會讓鳥兒的病情更糟糕。

 藥量要足夠

鳥兒也不喜歡口感苦苦的藥水，大部分的鳥兒吃到部分的藥水就會開始抗拒，但醫生所開的藥水藥粉須達到某一個分量才能充分發揮功能，因此主人不能在此時輕易妥協，該餵多少藥水，就讓鳥兒把這些藥水都確實服用。

 幼鳥的餵藥與照顧的注意事項

　　幫幼鳥餵藥通常比成鳥簡單的多。幼鳥都是靠人工餵食，且較容易掌控。

　　餵藥的方式分成兩種，一種是在幼鳥嗉囊排空時，先餵藥給幼鳥，讓藥效發揮作用，如果幼鳥相當抗拒藥味，則加入餵食幼鳥的營養素中。而幼鳥生病時除了需要保溫外，在照顧上，必須將營養素泡得比較稀，同時也要少量多餐，讓生病的幼鳥容易消化，保持消化道的順暢。

學會餵藥

學會了如何餵藥才能讓鳥兒生病時，讓鳥兒服用醫生所處方的正確劑量，讓病情可迅速恢復。

 先用左手無名指跟小指放在鳥的下顎處，確實固定好鳥兒的頭部。

 輕輕扳開鳥兒的上嘴喙。

 把藥水從嘴喙開口兩旁灌入。

 左手不要放開，右手輕輕撫摸鳥兒的喉嚨，此時，大部分的鳥會將藥水吞下去。

 再用右手將上下嘴喙打開閉合，重複數次，此時鳥會將留在嘴喙下方的藥吞下去。如果鳥兒有嗆到的情況，就要放開鳥兒，以免造成嚴重嗆傷。

健康原則
挑選醫院
辨識病徵
驅蟲
常見鳥疾病
就醫準備
認識檢驗
病鳥照護
意外傷害
常見意外
無法飼養
往生處理

意外傷害的處理原則

當鳥兒發生意外，飼主若能利用自身的急救常識，讓鳥立即受到妥善的處理，把握急救的黃金期，就能將傷害減至最低，讓鳥兒能夠保命。急救的基本原則先是安定鳥兒的情緒、保溫、灌電解質及急救營養粉。做好了基本的急救後，仍要儘速送醫，讓鳥獲得妥善的醫療。

急救的基本原則

當發生緊急狀況時，必須要先讓鳥兒情緒穩定，並加以保溫，提供電解質，再送醫讓獸醫師做進一步地處裡。

原則 1 安定鳥兒的情緒

鳥兒遇到意外狀況時很容易緊張、拍動翅膀、大叫等等，飼主應先安撫鳥兒的情緒，讓鳥兒不再亂動。如果口頭安撫無效，可用毛巾將鳥兒包住，並趕快移到運輸籠裡送往獸醫院。

原則 2 保溫

鳥兒的新陳代謝很快，一旦身體出狀況，體溫就開始降低，甚至於休克。馬上替鳥兒保溫，可增加鳥兒活命的機會。如果家裡有暖氣可先開暖氣取暖，而在運輸途中可將暖暖包用毛巾保好，讓鳥兒躺在上面保暖。

原則 3 灌電解質及急救營養粉

有些緊急狀況會讓鳥兒脫水、血糖過低。家裡最好準備鳥兒專用電解質及急救營養粉，當有狀況發生時，則先讓鳥兒服用，以緩解鳥兒的不適。

健康原則

挑選醫院

辨識病徵

驅蟲

常見鳥疾病

就醫準備

認識檢驗

病鳥照護

意外傷害

常見意外

無法飼養

往生處理

判斷急救方式

當鳥兒出現不尋常的現象，如骨折、脫水、打架受傷時，你可以藉由下面測驗迅速判斷鳥兒的情況，以及該使用那一方式做急救。但急救只是現場事先緊急處理，最重要的還是要送醫治療，以免延誤黃金急救時間。

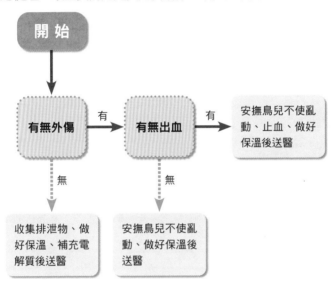

Info* **鳥兒急救不易**

平時如果沒有多注意鳥兒的健康狀況，等到鳥兒體重變得很輕，已經撐不住而倒在地上，或是從棲木上掉下來時，已經是病入膏肓了。這時才送醫幾乎都已來不及了。為了避免這種情況，常常替鳥兒量體重，一旦發現體重減少了原本體重的百分之十，就要把鳥兒送醫做檢查。

鳥兒常見意外或緊急狀況的處理

鳥兒若遭遇意外，如受傷、燙傷、咬傷、中毒、產卵困難、中暑等緊急情況，最好是儘速送醫治療。但若飼主懂得急救就可以當下減緩鳥兒的痛苦，並增加鳥兒存活的機會，做好緊急處置後，應儘速送醫治療，即便是飼主懂得急救的方式，但並不代表可以取代獸醫的治療。

七項常見的意外與急救措施

當鳥兒發生意外時，在送醫前或是遇上鳥醫院沒有營業時，可自己先稍做處理，並於急救後儘速送醫，以免鳥的病況加重或是鳥兒死亡。

1 骨折

起因 當鳥兒飛行時不小心撞上玻璃，或是從高處摔下、被主人的腳踩到、被門夾到時，就會骨折。你可從鳥兒的外觀判斷鳥兒是否骨折，如果是腳骨折，鳥會單腳站立、另一隻腳無力垂下，並且腳掌無法抓握；如果是翅膀骨折，則是翅膀下垂，疼痛時甚至會抖動。

急救處置 先安撫鳥兒，並用木條或木棍稍做固定包紮，將鳥兒用毛巾包好趕快送醫。

2 剪腳爪流血

起因 過度修剪鳥的腳爪時，會剪到鳥兒的血管及神經，鳥的腳爪就會一直流血。

急救處置 ●如果血流得不多，只要讓鳥兒安靜下來，不要亂動，血就可以自然止住。

●如果血流如注，一定要擦上止血粉，臨時沒有止血粉時，可以點香，在腳爪流血處稍微按壓，或是用吹風機吹，就可以止血。

提醒 這種止血方式和止血粉只能使用在腳爪流血上，身體上的傷口都不能使用這種方式。

3 外傷、動物咬傷

起因 鳥兒遭到其他動物咬傷，或是鳥兒打架互咬、造成外傷、腳趾斷裂、腳爪斷裂等等。

急救處置 先在傷口擦上優碘，並且讓鳥兒安靜下來不要亂動，才不會血流不止。

● 如果是兩隻鳥打架所造成，要先把兩隻鳥分開。

● 如果是其他動物如貓、老鼠，就要考慮將鳥籠換個比較安全的地方。老鼠可能會在夜間襲擊鳥兒、偷咬鳥兒，老鼠的口腔有相當多細菌，如果被老鼠咬傷，會造成鳥兒感染，必須盡速送醫治療。

提醒 雖然鳥兒有時看起來只是外傷，但如果不配合醫師的處方治療，一旦細菌侵入傷口，細菌會往體內深處感染，此時鳥兒就需要服藥治療。

4 灼傷

a. 高溫灼傷

起因 當鳥兒接近廚房，不慎掉進滾燙的鍋子裡、瓦斯爐、熱湯裡，就會造成程度不一的燙傷。嚴重時會因此死亡。

急救處置 趕快用毛巾沾水冷卻燙傷或燒傷處。當鳥兒的傷口較為不疼痛時，等到傷口乾燥，即上一層抗生素藥劑。但不要使用油性的物質去塗抹傷口。

b. 化學灼傷

起因 如果鳥兒接觸到一些強酸強鹼的化學物品，這種方式所造成的灼傷就是化學性灼傷。

急救處置 先判斷化學物品是屬於酸性或是鹼性，通常裝這些化學物品的瓶身上的標籤會註明。如果是強酸灼傷時，在傷口上灑一層烘培用蘇打粉，而強鹼灼傷時則是塗抹一層醋來中和。

c. 高溫油脂燙傷

起因 鳥兒掉進有熱油的鍋子裡。

急救處置 跟一般的高溫灼傷不同的是，傷口還會沾有油脂。所以在給傷口清水冷卻前，先灑上一層麵粉或是玉米粉，再用清水潤濕。

健康原則

挑選醫院

辨識病徵

驅蟲

常見鳥疾病

就醫準備

認識檢驗

病鳥照護

意外傷害

常見意外

無法飼養

往生處理

5 脫水

起因 有時，要是主人比較粗心，忘了給鳥兒加水，或是鳥兒的飲水不潔，會造成鳥兒不願飲用髒水而出現脫水的現象。

判斷 缺水的鳥兒看起來會很急躁，在飲水盆旁邊等待，如果已經脫水得很嚴重，鳥兒會呈現有點神智不清、眼神無力的樣子。

急救處置 此時一定要提供鳥兒加了鳥用電解質的溫水，如果鳥兒自己會喝，讓牠喝一些飲水後，把水拿起來，等一會兒再讓鳥兒喝一些，再把水拿起來，如此重複進行補充水分。補充水分時，一定要讓鳥慢慢喝，不能一次喝很多水，一次喝太多反而會讓鳥吐出來。如果是脫水嚴重的鳥兒，飲水裡面不但要添加電解質，還要添加急救用的營養補充品，因為在沒有水喝的情況下，鳥兒也不會去進食。

6 中毒

起因 鳥兒誤食或接觸到有毒植物、重金屬、化學藥劑而造成各種不同症狀的中毒情況。鳥兒可能會發生反胃、下痢、咳嗽、呼吸困難、血便、癱瘓、休克等等各種不一的症狀。

急救處置

（1）把造成中毒的物品拿走，以免鳥兒繼續啃咬。

（2）如果是化學藥品沾染到眼睛或皮膚的部分，應先用清水清洗。

（3）中毒症狀成因複雜，也不是主人可以應付的，找出鳥兒所誤食的東西，一起拿到獸醫院去。

7 中暑、熱衰竭

起因 當鳥兒長期暴露在高溫之下，身體無法正常調節體溫。常發生在鳥兒直接曝曬在大太陽下，沒有陰影可以躲，或是大熱天時被放在沒有開窗的車子裡，在過度加溫的情況下，就會產生熱衰竭。鳥兒會呈現喘氣、翅膀張開、虛脫的樣子，嚴重時甚至會休克。

急救處置 將鳥兒移到陰涼的地方，在有空調的房間或是讓鳥吹電風扇，用噴霧器噴水在鳥兒的身體上，讓鳥站在水裡。並且滴一些水到鳥的嘴裡。

無法再繼續飼養時怎麼辦

有時會碰上不可抗拒的因素而無法繼續飼養鳥兒，例如出國、經濟狀況已經無法負擔、有新生兒或是鄰居完全無法忍受鳥兒的吵鬧，此時你就應該要替鳥兒思考牠的未來。如果直接將鳥兒野放到大自然，不但鳥兒無法生存，造成鳥兒的死亡，如果鳥兒並不是本土鳥類，也有可能會影響到生態環境。因此你必須謹慎考慮鳥兒未來的生活，尋找適合鳥兒的新家。

無法繼續飼養時的處裡方式

無法繼續飼養鳥兒時，可尋求多方管道送養鳥兒。最好替鳥兒找有飼養經驗及負責任的送養者，以確保鳥兒後續最佳的生活品質。

1 找有愛心的鳥友

平時若是有熟識的鳥友，也覺得可以放心把鳥兒交給他，可詢問鳥友是否有多餘的空間及時間可以收容。

2 請信任的店家、醫院幫忙

找平時你覺得可以信任的店家或是獸醫院，請他幫忙替鳥兒找新主人，或是將鳥兒直接交給店家處理。

3 送給有鳥園的農場

有些農場附有鳥園，可詢問農場是否可以收容鳥兒，但農場對於收容對象有條件限制，問清楚是否符合收容條件後，再送交農場收容。

4 送給朋友親戚

如果有親戚朋友有意願飼養鳥兒，也可以請他們代為飼養，送給熟人的好處是還有機會可以看到鳥兒，但也不要常常要求探視鳥兒而影響到他人的生活。

5 上網路找新主人

在網路上有些討論養鳥的社群，或許你可以藉由觀察討論養鳥內容，來尋找適合的領養者。

Info* 善盡你的責任

雖然將鳥兒送養，但也要盡到主人最後的責任，告知領養收容者，鳥兒的喜好或是在照顧上的要點。同時，也要把鳥兒週邊配備、玩具、飼料、營養品等必備用品一併交給對方，讓鳥兒有熟悉的物品，也讓收容者不再額外開銷。

健康原則
挑選醫院
辨識病徵
驅蟲
常見鳥疾病
就醫準備
認識檢驗
病鳥照護
意外傷害
常見意外
無法飼養
往生處理

鳥兒永遠的別離

鳥兒跟所有生命一樣有生老病死，總有一天會離開主人，因此當鳥兒往生時，主人一定會感覺到悲痛，因此主人須多加調適心情，並好好處理鳥兒的遺體。除了將鳥兒妥善掩埋或是火化外，如果鳥兒是病死的，而主人並不清楚其死因，也可將鳥兒交給獸醫師解剖，釐清病情也讓獸醫師能更加了解鳥病。

寵物鳥往生處理方式

寵物鳥的體積較貓狗小，遺體在處裡上較為簡易，所以可自行埋在花盆裡，如果有打算留下鳥兒的骨灰，可交給寵物殯葬業者處理。

1 自然掩埋

鳥兒體積小，可把鳥兒遺體直接埋在家裡的花盆裡，或是埋在土裡。通常埋葬鳥兒的洞要挖深一點，以免野貓把鳥兒屍體挖出來吃掉。

2 交給業者火化

把鳥兒遺體交給寵物殯葬業者火化，並且可以把鳥兒的骨灰放置在寵物靈骨塔做永久的懷念追思。

3 請獸醫師處理

也可直接請獸醫師幫你找熟識的業者處理。

4 做成標本

很多人選擇讓寵物入土為安，或是火化紀念。將鳥兒遺體做成標本，這是很少人會選擇的方式，也算是較另類的紀念手法。目前有業者專門代客製作動物標本，代價不低。

健康原則

挑選醫院

辨識病徵

驅蟲

常見鳥疾病

就醫準備

認識檢驗

病鳥照護

意外傷害

常見意外

無法飼養

往生處理

寵物鳥往生後心情調適

很多人會在一時衝動的情況下購買鳥兒回家養，尤其是可愛又令人無法抗拒的幼鳥。但通常在沒有經驗的情況下，所飼養的幼鳥有時會染病死亡。就算只有短短幾天的相處，主人也會非常難過，甚至影響正常生活。寵物往生，心情的調適也是飼養寵物必須學習的功課。

1 積極面對

與其把鳥兒死亡怪罪於販賣的業者、飼料、醫生甚至自己等等，不如積極學習養鳥的正確方式，建立起正確的觀念，多蒐集養鳥相關資訊等，下次想再養鳥時，才能較為順利。

2 再養一隻

這是調適心情的最快方式，但是再度購買之前，還是要先充實養鳥的學問，購買時謹慎考慮購買的店家，購買後先到獸醫院做健康檢查，確保鳥兒健康問題歸屬，才是上上策。

3 轉移注意力

如果短期之內沒有再養一隻的打算，則找件事情讓自己忙碌，或是把注意力放在自己其他的嗜好上，讓時間可以沖淡一切。

Info* 解剖鳥兒遺體，了解鳥兒的死因

目前觀賞鳥的醫療並不如貓狗發達，很多觀賞鳥的疾病並沒有被深入研究探討。

有時，從觀賞鳥的病因也無從知曉鳥兒的死因。所以，若能在鳥兒死後，將遺體做解剖研究，除了讓醫生能探究真正病因，更有經驗之外，以後遇上同樣的病症時才能正確的醫療，主人也可趁此更進一步了解死因。

國家圖書館出版品預行編目（CIP）資料

圖解第一次養鳥就上手／陳雅翎，易博士編輯部作 . --
修訂 2 版 . -- 臺北市：易博士文化，
城邦事業股份有限公司出版：英屬蓋曼群島商家庭傳媒股份有限公司城邦分公
司發行, 2023.01
面； 公分 . -- (Easy hobbies 系列；35)
ISBN 978-986-480-259-3(平裝)

1.CST: 鳥類 2.CST: 寵物飼養
437.794   111019648

easy hobbies ㉟

圖解第一次養鳥就上手（修訂版）

作　　　者／陳雅翎、易博士編輯部
責 任 編 輯／魏珮丞、徐榕英、何湘蕆
企 畫 提 案 人／魏珮丞、蕭麗媛
企 畫 執 行／魏珮丞、徐榕英
企 畫 總 監／蕭麗媛

業 務 副 理／羅越華
編　　　輯／徐榕英
總　 編　 輯／蕭麗媛
發　 行　 人／何飛鵬
出　　　版／易博士文化
　　　　　　城邦文化事業股份有限公司
　　　　　　台北市中山區民生東路二段141號8樓
　　　　　　電話：(02) 2500-7008　　傳真：(02) 2502-7676
　　　　　　E-mail：ct_easybooks@hmg.com.tw
發　　　行／英屬蓋曼群島商家庭傳媒股份有限公司城邦分公司
　　　　　　台北市中山區民生東路二段141號2樓
　　　　　　書虫客服服務專線：(02)2500-7718、2500-7719
　　　　　　服務時間：週一至週五上午09:30-12:00；下午13:30-17:00
　　　　　　24小時傳真服務： (02) 2500-1990、2500-1991
　　　　　　讀者服務信箱：service@readingclub.com.tw
　　　　　　劃撥帳號：19863813　戶名：書虫股份有限公司
香港發行所／城邦（香港）出版集團有限公司
　　　　　　香港灣仔駱克道193號東超商業中心1樓
　　　　　　電話：(852) 2508-6231　傳真：(852) 2578-9337
　　　　　　E-mail：hkcite@biznetvigator.com
馬新發行所／城邦（馬新）出版集團【Cite (M) Sdn. Bhd. 】41 Jalan Radin Anum,
　　　　　　Bandar Baru Sri Petaling, 57000 Kuala Lumpur, Malaysia.
　　　　　　電話：(603) 9056-3833　傳真：(603) 9057-6622　Email:services@cite.my

美 術 編 輯／林筱菁、陳姿秀
插　　　畫／王麗柔
特 約 攝 影／邱有德
封 面 設 計／易博士編輯部
封 面 構 成／林雯瑛

製 版 印 刷／卡樂彩色製版印刷有限公司

城邦讀書花園
www.cite.com.tw

2012年07月26日修訂1版
2023年01月05日修訂2版
定價／350元　HK$117
ISBN／978-986-480-259-3
版權所有・翻印必究　缺頁或破損請寄回更換